U0195079

行\知\茶\文\化\丛\书

读懂中国茶

马哲峰 著

中州古籍出版社

·郑州·

图书在版编目（CIP）数据

读懂中国茶 / 马哲峰著. —郑州：中州古籍出版
社，2019.11（2020.2重印）
（行知茶文化丛书）
ISBN 978-7-5348-8884-7

Ⅰ．①读… Ⅱ．①马… Ⅲ．①茶文化－中国
Ⅳ.①TS971.21

中国版本图书馆CIP数据核字(2019)第248086号

读懂中国茶

出版发行： 中州古籍出版社
　　　　　　地址：郑州市郑东新区祥盛街27号6层
　　　　　　电话：0371-65788693
经　　销： 新华书店
承印单位： 河南新华印刷集团有限公司
　　　　　　地址：郑州市金水区经五路12号
　　　　　　电话：0371-65957865
开　　本： 710mm×1000mm　16开
印　　张： 13.75
版　　次： 2019年11月第1版
印　　次： 2020年2月第2次印刷
定　　价： 58.00元

★版权所有 侵权必究★

若发现印装质量问题，影响阅读，请与承印厂联系调换。

《行知茶文化丛书》编委会

主任：马哲峰

委员（以姓氏笔画为序）：

于巾涵　马　琼　马博峰　王　娟

王利锋　李　静　李换霞　许　婧

杨晓茜　杨晓曼　张艳霞　陈晓雷

郭　杰　韩秋波　黄杨林　崔梵音

魏菲菲

总 序

知行合一，习茶之道

郭孟良

好友马君哲峰，擅于言更敏于行，中原茶界活动家也。近年来创办行知茶文化讲习所，致力于中华茶文化的教育传播。他一方面坚持海内访茶、习茶之旅，积累实践经验，提升专业素养，并以生花妙笔形诸文字，发表于纸媒或网络，与师友交流互鉴；另一方面在不断精化所内培训的同时，走进机关、学校、社区、企业，面向公众举办一系列茶文化专题讲座，甚得好评。今整理其云南访茶二十二记，编为《普洱寻茶记》，作为"行知茶文化丛书"的首卷，将付剞劂，用广其传，邀余为序。屡辞不获，乃不揣浅陋，以"知行合一，习茶之道"为题，略陈管见，附于卷端，以为共勉。

知行合一，乃我国传统哲学的核心范畴，所讨论的原是道德知识与道德践履的关系。《尚书·说命》即有"非知之艰，行之惟艰"的说法。宋代道学家于知行观多所探索，朱子集其大成，提出了知行相须、知先行后、行重于知等观点。至明代中叶，阳明心学炽盛，以良知为德性本体、致良知为修养方法、知行合一为实践工夫、经世致用为为学旨归，从而成就知行合一学说。以个人浅见，知行合一可以作为茶人习茶之道，亦可以作为"行知茶文化丛书"的理论支撑，想必也是哲峰创办行知茶文化讲习所的初衷。

知行本体，习茶之基。知行关系可以从两个层面来理解，一般来说，知是一个主观性、人的内在心理的范畴，行则是主观见之于客观、人的外在行为的范畴；而就本体意义上说，二者是相互联系、相互包含、不可割裂为二、也不能分别先后的，"知之真切笃实处即是行，行之明觉精察处即是知"。茶文化的突出特征是跨学科、开放型，具有综合效应、交叉效应和横向效应，既以农学中惟一一个以单种作物命名的二级学科茶学为基础，更涉及文化学、历史学、经济学、社会学、民俗学、文艺学、哲学等相关学科，堪称多学科协同的知识枢纽，故而对茶人的知识结构要求甚高。同时，茶文化具有很强的实践性特征，表现为技术化、仪式化、艺术化，需要学而时习、日用常行、著实践履。因此，茶文化的修习必须坚持知行本体，以求知为力行，于力行中致知，其深层意蕴远非简单的"读万卷书行万里路"所可涵盖。

知行工夫，习茶之道。阳明先生的知行合一既是一个本体概念，更是"一个工夫""不可分作两事"。这与齐格蒙特·鲍曼"作为实践的文化"颇有异曲同工之妙。一方面，"知是行的主意，行是知的工夫""真知即所以为行，不行不足以谓之知"，作为主观的致知与客观的力行融合并存于人的每一个心理、生理活动之中，方可知行并进；另一方面，"知是行之始，行是知之成"，亦知亦行、且行且知是一个动态的过程。茶文化的修习亦当作如是观，博学之，也是力行不怠之功，笃行之，只是学之不已之意；阅读茶典、精研茶技是知行工夫，寻茶访学、切磋茶艺何尝不是知行工夫；只有工夫到家，方可深入堂奥。从现代意义上说，就是理论与实践相统一。

　　人文化成，习茶之旨。阳明晚年把良知和致良知纳入知行范畴，"充拓""至极""实行"，提升到格致诚正修齐治平的高度。茶虽至细之物，却寓莫大之用，成为中华优秀传统文化的重要载体，人类文明互鉴和国际交流的元素与媒介。在民族伟大复兴、信息文明发轫、文化消费升级的背景下，茶文化的修习与传播，当以良知笃行为本，聚焦时代课题、家国情怀、国际视野，以茶惠民，清心正道，以文化成，和合天下，为中华民族共同体和人类命运共同体的构建发挥其应有之义。

　　基于上述认识，丛书以"行知"命名，并非强调行在知前，而是在知行合一的前提下倡导力行实践的精神。作为一个开放性的丛书，我们希望哲峰君的寻茶、讲茶之作接二连三，同时更欢迎学界博学、审问、慎思、明辨的真知之作，期待业界实践、实操、实用、实战的笃行之作，至于与时俱进、守正开新的精品杰构、高峰之作，当寄望于天下茶人即知即行，共襄盛举，选精集粹，众志成城，共同为复兴中华茶文化、振兴中国茶产业略尽绵薄之力，以不辜负这个伟大的新时代。

戊戌春分于郑州

　　郭孟良，历史文化学者，茶文化专家，出版有《中国茶史》《中国茶典》《游心清茗：闲品〈茶经〉》等著作。

序　言

马哲峰的果实

李　伟

　　秋天比夏天有着更五彩缤纷的景象，蓬勃茂密的夏天是迷人的，但是满树果实的秋天更加宜人，硕果累累的秋色中透着丰收的喜悦。秋天是沉甸甸的季节，秋天是收获的季节。秋天到处写着成熟，秋天到处都写着收获。

　　在这个果实累累的秋天，马哲峰寄来了他的书稿《读懂中国茶》，给我送来了这个秋天最好的果实。拿到书稿的一刻，我便手不释卷，就在这浓浓秋光里，如饥似渴地品读着这秋的果实。

　　多年不见，哲峰的文笔更老辣了。他思想深刻，以茶文化学者的视角，对茶这种千年植物做了深入的思考和详细的解读。书中大量的一手资料，是他走遍祖国茶山得来的。各大产区的茶山，他不是走了一遍，而是走了一遍又一遍。茶山给了他灵感，茶汤浸润了他的灵魂。他对茶饱含着深情，他用笔朴实，情感丰富，行文脉络疏朗，引人入胜，发人深思，意味悠长。这是中国茶文化结出的又一硕果。如一首诗，款款的韵律吟诵着古韵之优雅；如一幅画，殷殷的笔触渲染着泼墨之洒脱……

哲峰对茶的悟性很高，上世纪九十年代末，他与茶偶然相遇，便爱上了它。历尽千帆，归来仍是少年。二十年如一日的勤奋努力，他辗转全国各名茶产区，风景这边独好。不积跬步，无以至千里；不积小流，无以成江海。游学寻茶是哲峰对茶这种古老生灵的顶礼膜拜，行遍千山暮雪，竹杖芒鞋轻胜马，一蓑烟雨任平生……

　　哲峰读圣贤书，崇尚王阳明心学的"知行合一"观。一经教子旧，万里出门新。天下师传道，方来友辅仁。

　　秋的美不仅在于它的多彩多姿，更在于它果实累累。在饱经了春之蓬勃与夏之繁盛之后，哲峰不再以受赞美、被宠爱为荣。他把一切的赞美与浮华隔离，在澹澹的秋光之外，结出了丰硕的果实。

　　要领略硕果之美，自然是在金秋。读峻青的《秋色赋》我们看到了金秋的五彩斑斓；同样，在哲峰的畅销书《普洱寻茶记》中我们看到了成熟。这种成熟，是他经历了春风夏雨之后的果实，饱满而肥厚，表里如一。哲峰胸中有趣的秋，应该就是在这最美的季节，遇到了最好的茶吧。

哲峰是勤奋的，他一边堂上讲学，一边茶园探访，一边笔耕不辍。把一件事当作一项事来做，把一项事当作传播和传承来做，这是哲峰常挂在嘴边的一句话。择一事，倾全力，一心一意，脚踏实地。

《读懂中国茶》文稿付梓之前，我有幸先睹为快，应约写下些许感受，以志我们笃深的茶缘。

宝剑锋从磨砺出，梅花香自苦寒来。祝福哲峰再攀高峰！

中国茶，世界分享！

是为序。

己亥仲秋于桐柏山

李伟，茶文化专家，主编出版有《学茶艺》《中国茶艺》《信阳毛尖》等著作。

目录

第一章　南方嘉木 ················· 4

　　茶树的演化 ················· 5

　　树型的演化 ················· 10

　　树叶的演化 ················· 12

　　繁殖方式 ················· 14

　　茶之母树 ················· 15

　　认知的深化 ················· 25

第二章　千山摘翠 ················· 27

　　幼嫩的茶芽 ················· 28

　　老嫩适度的芽叶 ················· 34

　　苗壮的新梢 ················· 43

第三章　匠心制茶：初制工艺 ················· 58

　　匠心制茶 ················· 59

　　通用工序：摊放为提质 ················· 61

　　特有工序：做青为求香 ················· 66

　　通用工序：杀青为求香 ················· 70

　　通用工序：揉捻为做形 ················· 77

　　通用工序：发酵为升华 ················· 83

　　通用工序：干燥为储存 ················· 87

第四章　匠心制茶：精制工艺 ················· 94

　　通用工序：拣剔为洁净 ················· 94

　　通用工序：拼配为求稳 ················· 97

　　特有工序：发酵为升华 ················· 100

　　特有工序：窨花为求香 ················· 101

目录

通用工序：紧压为运输 …………… 103

特有工序：发花为保健 …………… 108

通用工序：干燥为贮存 …………… 110

第五章 藏茶成珍 ………………………… 112

老茶源流 …………………………… 113

选茶有方 …………………………… 126

藏茶有道 …………………………… 133

第六章 评茶技艺 ………………………… 138

溯源 ………………………………… 139

环境 ………………………………… 141

器具 ………………………………… 145

水品 ………………………………… 151

茶品 ………………………………… 155

方法 ………………………………… 160

茶人 ………………………………… 166

结语 ………………………………… 170

第七章 茶的美学 ………………………… 174

茶的形态之美 …………………… 175

茶的汤色之美 …………………… 181

茶的香气之美 …………………… 186

茶的滋味之美 …………………… 190

茶的叶底之美 …………………… 194

结语 ………………………………… 198

后记 ………………………………………… 199

读懂中国 茶

什么是茶？

传统的解读将其归诸文化：天地人联袂馈赠给这世间最美好的自然之味。

现代的解读将其归诸科学：来自于山茶属茶种茶树的鲜叶，经由特定的工艺加工而成，供人们饮用或食用的产品。

寻茶路远，经由文化与科学的双重途径，让我们一起踏上追寻茶之终极奥义的漫漫长路。

第一章

读懂中国茶

南方嘉木

云南凤庆香竹箐大茶树

中国是茶的母国，秦岭淮河以南的中国南方是茶的领地，茶的原乡在中国的西南边陲，云南是茶的乐园。去往七彩云南之地访茶，是无数茶人魂牵梦绕的夙愿。这是连一千多年前的茶圣陆羽都未曾涉足的土地。陆羽在《茶经》中将"南方嘉木"这世间最美好的称谓赋予了茶树，而今，唯有云南这片红土高原留有这世间最多的古茶树、最大的古茶园。这里，是"南方嘉木"的伊甸园。

茶树在地球上存在的时期很长，迄今已有 6000～7000 万年的历史。与之相比，茶进入人类文明生活的时间很短，只有几千年的历史。

在很久很久以前，人与茶树在原始森林中相遇。这究竟是一种命定的机缘，抑或是一种不期而遇的邂逅？我确信，与其说是人类的先祖发明了茶，毋宁说是在自然界中发现了茶。就此，茶开启了新的生命历程。

茶树的演化

茶树，从莽莽苍苍的原始雨林深处走来，与人相识。从野生型茶树、过渡型茶树到人工栽培型茶树，它的驯化历经数千年的漫长历程。大地藏珍，而今在云南南部的西双版纳州、普洱市与云南西部的临沧市等地，仍然保留有 50 余万亩古茶园。这些古茶园中的野生型、过渡型与栽培型大茶树，足堪誉为"活化石"，它们见证了沧海桑田的演变、岁月的变迁，引得无数人怀揣寻源拜祖的梦想，无惧千山万水的重重隔阻，问道云南。

滇西临沧市凤庆县小湾镇锦绣村的香竹箐大茶树，在野生型大茶树中声名远播。从凤庆县城出发驱车前往，短短 50 余公里的路途，却要耗费近 3 个小时。自香竹箐大茶树 1983 年被列入古树名木保护名录以来，锦绣村历经多年的建设，俨然已经成为一处名胜的所在。从村部门前的停车场开始，沿途都是修筑好的石台阶。拾级而上，时见零落的古茶树屹立路旁。远远望去，郁郁葱葱的大茶树巍峨耸立。大茶树的前方修筑有广场，设有香炉供人拜谒。眼前所见，让人兀自有些心痛，竟不知于这茶树来讲，意味着福兮祸兮？竹木栅栏将人与茶树分隔开来，只能远远地注视，再不能与茶树亲密接触。大茶树基部围径5.82米，是已发现野生型大茶树之冠。如今，三四个人手拉手合抱茶树已成梦幻。心下虽然觉得有些遗憾，但总归对保护茶树有益，于是便觉释然。大茶树离地分叉的部位低，决定了其归属于小乔木型茶树。树高达到9.3米，树幅8.0米。仰望这棵被誉为"锦绣茶祖"的大茶树，切身感受到人在自然界是如此渺小。2013年6月，凤庆县人民政府挂牌保护，将其编号为00001，标称树龄为3200年。也就是说，其历史可以上溯至殷商时期，进入西周后已然是古茶树了。传说，茶曾经作为进献周天子的贡品。台湾师范大学教授邓时海先生有一个饶有趣味的猜想：我们谁也不能确证，周天子是否品尝过来自这棵树上的茶！

野生型茶树弥足珍贵，早在1992年10月，香竹箐大茶树就被列为二级保护树种。茶叶科技人员认为，大多数野生茶保有原始的性状和特征，含有人体所不能接受的成分。1973年，云南调藏边茶原料缺乏，曾少量掺入野生茶，发生了销区民众饮茶后出现头晕、恶心、呕吐、血压不稳等中毒症状的事件。载入史册的前车之鉴，深憾未能令今人警醒，野生茶竟始终有人追捧，真真是让人徒增叹息了！

滇南普洱市澜沧县富东乡邦崴村的大茶树，在过渡型大茶树中最富盛名。探访邦崴大茶树的经历让我们懂得寻茶也需要缘分。首次探访邦崴是在一个秋天。9月份的云南雨季尚未结束，我们夜宿距离邦崴最近

云南澜沧邦崴大茶树

的上允镇。夜半时分，忽被一场突如其来的大雨惊醒。早上雨势渐小，心有不甘的我们仗着胆子驱车向邦崴进发。正在修建的乡村公路泥泞难行，行不数公里之后，头前带路的当地朋友调转车头往回走，宣告我们此行无果而终。次年春天再赴邦崴，正值旱季，从上允镇到邦崴的道路整修一新，以至于导航都迷失了方向，一直想要把我们往旧日的土路上引。我们大致辨明方向之后，不再理会导航的喋喋不休，开着越野车一路狂奔。一个多小时以后，朝思暮想的邦崴映入眼帘。从邦崴村口沿着石头路一直来到新寨大茶树旁边，只见竹篱笆墙将茶树合围起来，木门落锁。热心的村民找来村长开门，才使千里之外前来寻茶的我们能近距离一睹大茶树的丰姿。小乔木型的大茶树在离地70厘米处开始分枝，基部干径1.14米，树高约11.8米，树幅9.0米。为了方便采摘，用竹竿搭建起了高高的脚手架。围栏之外，有一块澜沧县政府立的石碑，碑文中注明树龄在千年左右，誉为"过渡型茶树王"，落款为 1992 年 9 月。

为了探明邦崴大茶树的身世，我曾多次前往普洱市拜会何仕华先生。1991 年 3 月，何仕华先生在获知大茶树讯息后亲临邦崴实地考察。当时大茶树的主人魏壮和正打算将这棵产量无多又遮阳影响庄稼生长的茶树伐掉。经过何仕华先生多方协调，最终政府出资补偿买下了茶树所有权。当时担任思茅地区外贸局副局长的何仕华先生，如今忆及此事笑言："这辈子，我做过最划算的买卖就是 3000 元买了一棵大茶树。"这棵大茶树还登上了 1997 年 4 月 8 日发行的邮票，以纪念这足堪载入史册的大事件。

滇南西双版纳州勐海县格朗和乡南糯山，以最早发现栽培型大茶树而名闻遐迩。南糯山位于景洪市与勐海县之间的国道旁，道路交通便利，引来众多人士寻茶。我们驱车从国道转上南糯山的乡村道路，浓荫如织迤逦通往山巅。在半坡老寨停车，安步前行数公里至原始森林的深处，就是现在栽培型大茶树的所在。早些年间，山民用粗疏的铁丝网将大茶树环绕起来以示保护，但仍然难以抵挡好奇心强且又胆壮之人们冒险进入；而今索性用更加细密的铁丝网严加防护，才将来访之人与大茶树分隔开来。这棵大茶树是 2002 年 5 月 8 日张俊和曾云荣先生等人发现的，属于茶农开才所有。树型为小乔木型，树高 5.3 米，树幅 9.35 米，基部围径 2.4 米。它实际上是原来的 "栽培型茶树王"的接替者。

在勐海县得遇曾云荣先生，他为我们讲述了栽培型茶树王的前世今生。1951 年 12 月，周鹏举先生等科技人员在哈尼猎人的带领下发现了南糯山栽培型大茶树，乔木型，干径 1.38 米，树高 8.8 米。次年，来

云南勐海南糯山大茶树

自苏联与我国的专家们将与之相邻的一株枯死老茶树锯开断面进行了年轮测定；然后，专家们又用人类学的方法进行了调查。生活在南糯山的僾尼人已经繁衍了55代，按照18岁一代人来推算，第五代先民种下的老茶树，树龄已逾850年以上。这与年轮测定的结论基本一致。自此，这棵大茶树成为当之无愧的"栽培型茶树王"。盛名之下引来无数人实地探访，缺乏照料的茶树王树老心空，终于在1994年悄然离世。由于对其重要价值认识阙如，乃至于今时之人连老茶树王的一点遗存都已经无处寻觅，成为一段令人伤感的往事。

茶树历经驯化，从野生型、过渡型到人工栽培型，自此踏上了新的生命历程，后世饮茶成为一种普世的风尚。

树型的演化

茶树，历经自然的演化、人为的选育，从原始高大的乔木型，到亭亭玉立的小乔木型，再到低眉顺眼的灌木型，与人相知相守。

西双版纳州勐腊县的古茶树多为乔木型，其中最为世人所熟知的当属易武乡麻黑村落水洞大茶树。这棵大茶树树干高大，干径0.88米，树高10.2米，树幅4.5米，远远望去，在云海映衬之下，愈发显得高大挺拔。近年来，人们以保护的名义，将这棵古茶树以铁笼相围，但古茶树的长势却不若当年旺盛，不复往年的英姿。当地的村民似乎意识到了危机，在相距不远的古茶园中寻找到了另一棵古茶树，意图让其接替担起"易武茶树王"的称号。

西双版纳州勐海县的古茶树多为小乔木型。位于勐混镇贺开村委会曼弄老寨、新寨交界处的大茶树编号为"西保四号"。这棵小乔木型的大茶树自基部0.55米处分枝，基部围径2.12米，树高3.8米，树幅7.3米。道路交通条件的便利吸引了众多人士的探访。看到两位年轻的姑娘手拉手堪堪将其相拥，不禁忆起茶圣陆羽《茶经》中的描述："两人合抱者。"时移世易，当书中描绘的景象出现在现实当中，还是让人感慨不已。

云南勐腊落水洞大茶树

云南勐海贺开"西保四号"大茶树

四川雅安蒙顶山皇茶园　　　　　　　　四川雅安蒙顶山千年茶树王

　　茶学界普遍所持的观点是：人类利用和栽培茶树的发祥地应该是巴蜀之地。毗邻云南的四川，在雅安市名山区蒙顶山上清峰，从天空俯瞰，五峰环绕，恰似一朵莲花。在莲心之处，有七株仙茶，传说为西汉时期人工植茶始祖吴理真亲手所种。十多年前到访蒙顶山，一路上听朋友回忆当年上山下乡的知青岁月：每年算着日子，到了七株仙茶树萌芽之际，背着铺盖卷儿，还有锅碗瓢勺爬上山，就地安营扎寨，采下茶树上的嫩芽炒鸡蛋，都吃进了肚里，自言要沾沾仙气儿。自从有了索道，少人愿意再一路爬上山去。山顶的皇茶园就在眼前。初见七株仙茶真颜，脱口而出："2000 年树龄的茶树这么小？"当地陪同的朋友笑言："我们这是仙茶树，不生不灭。"闻者无不大笑。相距不远处，另有九株灌木型茶树，最大的一株主干直径 13 厘米，树高 3.5 米，树幅 2.54 米，树龄 1000 年，名为"千年茶树王"。灌木型的茶树远不如乔木型茶树看上去那般威武雄壮，或许也不如乔木型茶树生命长久，能留存下来已属不易了。

　　江南茶区，浙江省台州市天台县天台山华顶，有学者认为这里才是有史籍可考最早的人工植茶之地。东汉时期，在此修道的高道葛玄，是史籍记载最早植茶人之一，被誉为"江南茶祖"。或许时间太过久远，

浙江台州天台山葛仙茗圃

现在人们登临华顶之上，已经难以寻觅到一棵古茶树，所能看到的只是一方石碑，上刻"葛仙茗圃"四个字。石碑背面的石刻文字内容所述为葛玄植茶之事，落款为"1999 年春立"。目光所及，尽是近人所植灌木型茶树了。

文献的记载与而今实地的验证，呈现出的结果趋向一致。自唐代以来，由于气候的变迁，乔木型茶树的领地逐渐缩小，最终退却集中在现今的云南一带，其他产区都只是零星的分布。而在更为广阔的领域，漫山遍野种植的都是灌木型的茶树。

茶树，与人相伴，从西南地区原始雨林深处走来，沿着大江、大河，从热带到亚热带，再到亚热带向暖温带过渡的气候带，直到茶树所能生长的极限气候带——那里于茶树来讲，就是路的尽头。

树叶的演化

科学，是现代人认知茶的好方法。茶树发育完全成熟的叶片称为真叶，形态一般为椭圆形或长椭圆形，少数为卵形和披针形。茶树叶的测定与划分遵循科学的方式，专业人员给出了一个公式：叶面积（cm²）＝叶长（cm）×叶宽（cm）×系数（0.7）。叶片大小以定型叶的叶面积来区分，凡叶面积大于50cm²的属特大叶，28～50cm²的属大叶，14～28cm²的为中叶，小于14cm²的为小叶。

茶树的叶，为适应气候的变迁而不断演化，由热带、亚热带到暖温带，从特大叶、大叶、中叶到小叶，类型丰富。水热资源丰沛的热带、亚热带，大叶种的茶树占据优势；从亚热带向暖温带，随着气候逐渐变冷，抗寒、耐冻的中小叶种茶树更具优势。

年复一年，行走西南、华南、江南与江北四大茶区访茶，我们用自己的脚步丈量大地，用随身携带的小小尺子随时抽样测量，切身感受这一片片茶叶大小的变化，或许在无意间记录了茶叶在茶树领域扩大的进程中不断进化的印迹。

最令人讶异的地方是云南。神奇的造物主赋予云南"一山分四季，十里不同天"的立体气候。特大叶、大叶种占据绝对优势，却并没有一统所有的领地。在西双版纳州勐腊县象明乡的倚邦古茶山，我们碰巧遇上有人专事采摘小叶种茶青——一种被茶农亲切地称为"猫耳朵"的小叶种茶。

云南勐腊倚邦猫耳朵

果如其名，看起来惹人怜爱。普洱市宁洱县宁洱镇宽宏村困鹿山皇家贡茶园，非物质文化遗产普洱贡茶制作技艺代表性传承人李兴昌先生专程带领我们寻找到了小叶种的古茶树。这棵茶树长势葳蕤茂盛，基部围径粗壮接近2米，据说自明代至今已经生长了数百年之久。在我们满怀欣喜打量触摸古茶树的时候，疼惜古茶树的李兴昌先生不声不响低着头一点点拔去了树下丛生的杂草。

非物质文化遗产普洱贡茶制作技艺代表性传承人李兴昌先生

繁殖方式

茶树，从萌芽、开花、结果到孕育后代，周而复始，在进行着年复一年的生命轮回。每每在古茶园中寻寻觅觅，都不禁油然生出对生命的敬畏感。上百年的古茶树，数十年的老茶树，正值壮年的茶树，新生的茶树苗，宛若相亲相爱的一家人，和谐共存。智慧的先民洞悉了自然界中茶树生长的奥秘，采摘成熟的茶果，埋籽儿繁殖，培育茶苗，管理茶园。有性繁殖的茶树栽培方法，曾经被认为是一种落后的技艺，但科学的认知与文化的认同在不断刷新以往的观念。在古老的茶乡，先民通过

有性繁殖栽种下的茶树，留存下来的茶园，呈现出丰富的生物多样性，成为珍贵的茶树种质资源。有先见之明的地区已经率先行动起来，着意加以保护。无性繁殖的茶树栽培方法，在过去的一百年中，曾经倍受推崇。福建省一直是全国产茶省份中无性系良种茶园面积占有率的佼佼者。让人一直以来丛生感叹的就是二者之美不可得兼。安徽农业大学江昌俊教授提出了一个有趣的想法：采摘无性繁殖茶树的茶果再行繁育。大胆的假设，也需要小心的求证，或许将来我们会有令人欣喜的收获。

茶之母树

茶树，从故乡走向远方。历经驯化，从野生型、过渡型终至栽培型，复经自然的进化、人为的选取，从乔木型、小乔木型到灌木型。茶树叶，从特大叶、大叶、中叶到小叶种。茶树在今日中国的领地被划分为西南、华南、江南与江北四大茶区，在天地人的相互作用下，演化出丰富又各具特色的品种资源。

在茶的产地，每一个地方都有珍贵的茶树种质资源。这是自然给予人类的慷慨的馈赠，也是前人留给后人的丰厚遗产。心存感念的后人，

浙江杭州十八棵御茶树

将这份情感寄托在茶树上，并充满深情地将其命名为"母树"。或者列入古树名木的保护名录，或者勒石记录。母树开枝散叶繁育了众多的后代，给予人们以身心的滋养。饮茶思源，情系母树。行走茶区的行程中，不自觉地会一次又一次地去拜谒各种茶的母树，直到很久以后才了悟，那是一种生生不息的召唤。

江南好，最忆是杭州。西湖风景名胜区龙井村，狮峰山麓，有一处隐秘的所在，吸引了众多喜欢茶的人士慕名而来。那里有传说中乾隆皇帝亲手采摘过的茶园，青石栏杆环绕，号为"十八棵御茶园"。精明的杭州人从不放过任何一个做生意的机会，这里需要花钱买门票才能进入。亲眼目睹了十八棵御茶树之后，不禁生出疑虑：若真是乾隆皇帝亲手采摘过的茶树，怕是也很难留存到今天吧！顺着石阶往后走，有一个清幽的所在——宋广福院遗址，残垣犹存，更有宋梅花开花谢。穿庭而过，沿着一泓清溪溯流而上，临近水源，举目四望，周遭都是龙井群体种的老树茶园。宋代在此开山植茶的辩才法师，被后人誉为"龙井祖师"，就终老于此。后人在此修造亭台，立有辩才法师的青石雕像以作纪念。

湖州市安吉县天荒坪镇，东与杭州市余杭区交界，南与临安区接壤，属于西苕溪流域。1980 年，在大溪村偶然发现了一株白茶老树，气温15℃～23℃时，新梢芽叶呈玉白色，举世罕见，被誉为"中国白茶祖"。为了亲瞻这棵极富传奇色彩的母树，我们驱车直奔目的地。行至大溪村，但见两山夹峙，中为峡谷，车子再无路可走。于是步行沿着白茶谷中的潺潺溪流前去探访母树。一路上见工人们正在紧锣密鼓地加紧施工，修建步道、建造大门、修造广场，打听之后获知：原来是当地政府要在此举行白茶祖祭拜活动。广场正前方，溪流之畔，就是中叶类、灌木型的白茶母树。已近清明，高山气候寒冷，母树犹未萌发。茶树的后方，立着一块巨石，刻着"白茶祖"三个大字。树旁有一方安吉县人民政府立的石碑，注明其已列入安吉县古树名木保护名录，保护级别为一级，标注树龄为 1000 年。落款 2003 年 10 月。短短 30 多年时间，通过无性系繁殖加以推广，安吉白茶作为一种新兴名优绿茶，声名鹊起。因了名字里有了一个"白"字，被世人误以为是白茶。这多半是因为不了解这种

浙江安吉白茶祖

茶采用的是绿茶的加工工艺。

福建省东部的福鼎市濒临海边,秦屿镇的太姥山被誉为"海上仙都"。辛辛苦苦攀爬太姥山是为了找寻白茶母树"绿雪芽",然而误打误撞直到登顶之后,触目可见的是四方云海的美景,并没有看到绿雪芽母树的踪迹。疲劳已极,大家正在沮丧之际,却意外地遇上了正要外出的长净法师,他被誉为"绿雪芽母树守护神"。得益于长净法师的指引,循路下山前往鸿雪洞,紧依悬崖峭壁生长的一棵小乔木型的茶树就是传说中鼎鼎大名的"绿雪芽"。它的名字被雕凿在茶树后的峭壁之上,落款为启功先生所题。茶树上悬挂了一个小小的标牌,称其为"福鼎大白茶始祖,绿雪芽古茶树"。相传这棵古茶树的后代移栽至点头镇柏柳村、翁溪村,孕育出了福鼎大白茶、福鼎大毫茶两种国家级的茶树良种。此后,福鼎先民采摘这两种茶树的幼嫩芽叶制成的白毫银针风行于世。

归属福建省南平市的政和县,在地理上属于闽东北地区。一大清早,

福建福鼎绿雪芽母树

福建政和仙岩茶王

搭乘从县城前往岭腰乡锦屏村的乡村中巴，车子摇摇晃晃如老牛喘气般沿着山路奋力向上攀爬，满满一车都是当地的乡亲。他们止不住用好奇的眼光打量着外来的我们。甫一进入村口，我们就被眼前的景象深深吸引住了。位于武夷山余脉的锦屏村，山水如画，尤为难能可贵的是古老的建筑保存完好。闻讯匆匆赶来的村长叶士荣找到了正在四下闲逛的我们，闻听来意之后，年轻精干的村长发动自己的面包车，亲自拉着我们去探访遂应仙岩茶王。倘若无人带路，着实不易找到。隔着一泓清溪，茶树王就生长在背靠悬崖的溪畔。崖壁之上雕凿着一行大字"遂应仙岩茶王"。相传当地的先民就是采摘这棵古茶树的鲜叶，创制出了仙岩工夫红茶；后来，则以政和工夫红茶闻名于世。回程的路上，向叶村长打听可有政和大白茶母树留存，叶村长把车开出去不远就停了下来，指着路旁的一棵碗口粗的茶树说："这就是政和大白茶茶树，没有比这更大的茶树了，你就管它叫政和大白茶母树好了，反正也没人知道。"幽默的叶村长开起了玩笑。路过铁山乡，沿着竹林间的石径爬上高仓头山，书上记载这里是政和大白茶的发源地，四下打听寻觅，终无所获，我们满怀惆怅，久久不忍离去。

福建省北部南平市下辖的武夷山市，妇孺皆知的古茶树莫过于大红袍母树。连年造访，通往天心岩九龙窠的各条路径早已走了个遍，下一次再去，还是会不由自主地迈开脚步前去探看。就连年方十一岁的女儿，都已经去过好多次了。徜徉在碧水青山之间，岩谷花香，漫游步道，人所共爱。路远腿短，早些年步行去看大红袍母树的路上，走走觉得累了，小丫头便不肯再走，于是跟她约定：抱一百米，走一百米。实际上抱着走上一百米，下来能跑出去一公里。吸引她毅然前往的最大动力是大红袍煮的茶叶蛋。吃着茶叶蛋,喝着大碗茶,坐在茅棚里仰望对面悬崖峭壁之上的大红袍母树。周遭游人如织,一拨又一拨。每每听到导游舌绽莲花炫耀母树大红袍传奇故事的当口,旁边就有人小声叹息:"大红袍母树这么小哦!"语气里有掩饰不住的失望之情——或许是想象和现实落差太大的缘故吧!

　　福建省南部泉州市下辖的安溪县,以出产铁观音闻名四方。与铁观音的名播天下相比,很少有人关注到铁观音母树的存在。即便是铁观音最火的年份,也极少有人前去探访。与母树大红袍的热络相比,真可谓是冷热两重天,境遇大不同。有趣的地方在于铁观音的母树发源地有两处,同样都位于西坪镇。在国家级非物质文化遗产安溪铁观音制作技艺代表性传承人王文礼先生的陪同下,我们最先到访的是位于西坪镇尧阳山腰的"王说铁观音发源地"。向下俯瞰,西坪镇尽入眼底。王姓族人集资将其修葺一新,

福建武夷山大红袍母树

福建安溪王说铁观音母树发源地

高大的石牌坊式建筑气势非凡。铁栅栏将背靠一块巨大岩石的几株铁观音母树合围其间。安溪县文物管理委员会在茶树的旁边立了一块石碑,上书:"安溪铁观音发源地,王仕让书轩。"落款为2002年5月1日。附近栽种了许多桂花树。正值桂花飘香的时节,馥郁的桂花香令人心醉。

隔年去探访"魏说铁观音发源地",同车的是魏姓后裔,国家级非物质文化遗产安溪铁观音制作技艺代表性传承人魏月德先生。车窗外熟悉的景象一闪而过,这才发现两处发源地相距不远。魏说铁观音发源地名为打石坑,位于松林头观音崙脚。一泓清溪从山巅欢快地奔流而下,在打石坑汇成一汪清潭,潭边崖壁之上,生长着铁观音母树。崖壁之上雕凿有"魏荫铁观音正枞发源地"的字样,

福建安溪魏说铁观音母树发源地

落款时间为清雍正元年。崖壁之上立有一方石碑，题刻为张天福先生所书："魏荫铁观音发源地"。安溪县文物管理委员会在此也立了一方石碑，上书"安溪铁观音发源地，魏荫种茶处遗址"。落款为 2002 年 5 月 1 日。临别之际，回望松林头打石坑，果是藏风聚气的所在，让人忍不住赞叹自然的神奇造化。

在广东省潮州市潮安区凤凰镇，迎面遇见了非物质文化遗产潮州单丛制作技艺代表性传承人叶汉钟先生。他带领着茶友刚从乌岽山上下来。问明了上山的去路，作别先生直奔乌岽山李仔坪村。托了山顶天池的福，新修的旅游公路通到了李仔坪村口。土地紧缺，贴近道路两旁修筑的房屋高耸，穿行其间恍若置身幽长的巷道。凤凰单丛的母树宋种就位于路旁的茶园里。虽然早有耳闻，但眼前的景象还是让人目瞪口呆——好好的宋种古茶树，整棵被置于一个大铁笼中，端的是"画地为牢"的现实写照。村民们细说端详，原来是早几年有一位神经失常者砍掉了宋种古茶树的一个分枝，为防以后宋种不致无辜遭受灭顶之灾，无奈之下只好出此下策。隔着冰冷的铁笼观看，母树旧日的伤痕犹在，唯有以疼惜的眼光"抚摸"劫后余生的宋种母树那满是沧桑的躯干。小乔木型的宋种树高5.8米，树幅6.5米，据悉树龄已达700年。已经是秋天了，茶树上零落地绽放着几朵洁白的茶花，似在无言地诉说着往昔的故事。2016年秋天，远方传来悲伤的消息，历经岁月风霜的侵袭，宋种母树与世长辞，永远作别了爱茶的世人。

湖南省益阳市安化县，从县城出发一路上山直奔田庄乡高山之巅的高马二溪村。附近留存的一方清代的碑刻，证实了这里就是清代的皇家贡茶园。一次与田庄乡人大主席王益辉先生不期而遇。贡茶园里至今犹有古茶树遗存。取出随身携带的尺子测量，最大的一棵灌木型古茶树，基部

广东潮州凤凰单丛宋种母树

围径达到 45.5 厘米，树幅近 3 米，树高逾 2 米，属于典型的小叶种。测量的结果让王益辉主席大感惊喜——湖南省农科院茶科所的专家在附近测定过一棵古茶树的树龄，那棵古茶树不若这棵粗壮，树龄尚且有 400 年之久，与之相较，这棵古茶树堪为安化黑茶母树了。

母树，寄托着人对茶树深沉的情感。清嘉庆四年（1799 年）檀萃编纂的《滇海虞衡志》记载："茶山有茶王树，较五茶山独大，本武侯遗种，至今夷民祀之。"这种祭祀茶王树、母树的风尚，几乎遍及各个产区，至今遗韵犹存。

茶之母树的或去或留，它们自己不悲不喜。母树繁育出了无穷尽的子孙，兴旺发达，把这福荫留与世人。

湖南安化黑茶母树

认知的深化

一千多年前的唐代，茶圣陆羽编撰的《茶经》是世界上有关茶的第一本百科全书。陆羽赋予茶树以富有文化内涵的名称：南方嘉木。千年以降之后的瑞典，1753 年植物学家林奈（Carolus Linnaeus）以科学的名义将茶树定名为 Thea sinensis。有趣的地方在于这位植物学家当时并没有来过中国，或许是出于一种大胆的猜想，1762 年他将茶树分为 2 种，花瓣 6 瓣的为红茶（Thea bohea），花瓣 9 瓣的为绿茶（Thea virids）。此后在很长一段时间内，西方的植物学家都坚信红茶只能由红茶树生长出来，绿茶则由绿茶树生长出来。

直到进入下一个世纪之后，英国的植物学家罗伯特·福琼（Robert Fortune）深入中国茶区，才把绿茶、红茶可以出自同一种茶树的事实传播到西方，引起轩然大波的同时，一度还饱受质疑。事实上在中国的茶乡，来自同一种茶树上的鲜叶，已经被智慧的先民创造出了绿茶、白茶、青茶、红茶、黄茶与黑茶等众多的茶类。

1848 年，福琼又接受东印度公司的派遣，深入中国内陆，将中国茶树品种与制茶工艺引进到东印度公司开设在喜马拉雅山麓的茶园，结束了中国茶对世界茶叶市场的垄断，加剧了中国在近代世界的悲剧进程。自此，在中国人心目中臭名昭著的罗伯特·福琼被冠以"茶叶大盗"的恶名。生活在 21 世纪的人们，对茶树与茶的关系的认知多停留在两个多世纪以前植物学家的认知水平。对此，事茶的人完全没有资格指摘他们，而是应该抱有深深的愧疚，尽可能还事实以本来的面貌。

中国的先民历尽艰辛，从万千种植物里选择了茶树，将完成驯化后的栽培型茶树植于高山，放诸原野。茶树在自然环境下与万物和谐共生。古茶园，是农耕文明童真时期的珍贵遗产。如今的人们，行走在云南的古茶山上，流连徘徊在古茶园里，终于领悟到古老文明传承不息的奥秘，那是对道法自然的尊崇与信仰。天赋灵草的茶树，日日夜夜身受高山云雾的滋养，由此获得了高山流水般高贵的品格。我们对待茶树，就如同我们对待自己的文化，两者水乳交融，由此获得了不朽的生命力。

近代，自林奈等植物学家开始关注茶树，复经植物猎人福琼，茶树被引种到异国他乡。在科学名义的引领下，茶被列入园艺学的范畴，从品种选育、茶树种植到茶园管理，有了世界通用的法则。而今，一个多世纪过去了，现代茶园日渐显现出它的缺点：无节制地一味向自然索取，生物多样性消失，病虫害侵扰，水土流失，让人难以承受的灾难性后果逐渐显现。我们需要回过头来，重新从古老的茶园中寻找智慧的火种。古老的农耕文明与现代的农业文明，需要再次交汇融合。我们相信，那才是我们的希望所在。

第一章

千山摘翠

读懂中国茶

江苏苏州碧螺春·采摘茶芽

茶树枝头萌发的一抹新绿，是爱茶人心中最动人的色彩。年复一年，茶花开复落；季节轮回，芽叶满枝头。

千年以降，一代又一代的茶人，就如丹青圣手，师法自然，千山摘翠，妙手制茶，绿茶、白茶、红茶、青茶、黄茶与黑茶，将中国的茶之疆域绘就成色彩斑斓的山水画卷。

茶，这世间最美不过的水丹青，唯一的原料，采自于天赋灵草——茶树新梢的鲜叶。

幼嫩的茶芽

幼嫩的茶芽，从茶的古典时代伊始，就是世间少有的珍稀之物，至今依然如故，受到时人的宝爱。绿茶珍品碧螺春、信阳毛尖，白茶珍品白毫银针，黄茶珍品蒙顶黄芽、莫干黄芽，红茶珍品金骏眉，莫不如此，皆为嫩芽，出身高贵，价值斐然。

江南故地，姑苏城外，苏州市吴中区东山岛三面临水，西山岛四面环水，放眼望去，太湖烟波浩渺。西山岛上，缥缈峰下，碧螺春茶的发源地水月禅寺空无一人。时近清明，花果间作的茶园中，土生土长的群体种老茶树犹在，茶萌新芽，桃花绽放，正

江苏苏州碧螺春·茶季上山送饭

值家家户户采茶忙的时节。我们在上山访茶途中，遇见挑着担子给采茶工送饭的茶农，脚步匆匆。临近正午时分，农人依然手不停歇采茶忙，双手在茶丛间上下翻飞。细细打量，但见茶农用拇指与食指轻轻捏住幼嫩的茶芽，掌心向上提手采摘，茶芽落在掌心，随手投入身上背着的一个小小竹篓里。清晨上山，黄昏下山，一天的辛苦，所得幼嫩茶芽不足两斤。山下的茶厂门口贴出告示，周知茶农芽尖的收购标准：芽长 1.5 厘米，没有鱼叶、病叶、老叶，声称不收购引种自外来的无性系早芽良种的鲜叶。前来交售鲜叶的茶农，有些大约因为品种不符合厂家的要求，提着竹篮怏怏不乐地离去了；有些则因为采摘的芽叶大小不一，蹲在厂家门口，低着头，一点点重新挑选一遍，只留下整整齐齐的芽头，重又交上去才被收下。最终炒制成的干茶，倘若清点芽头的数量，500 克竟有 6 万芽头之多。其间辛苦，绝少为外人所知。

淮河之南，大别山麓，江北茶区北缘的信阳，地处中国南北地理的分界线。临近清明时节，信阳毛尖茶的发源地——信阳市浉河区董家河镇的车云山村，信阳群体种的茶树才开始刚刚萌生新芽。

河南信阳毛尖·采摘茶芽

此际开始直到谷雨，将是一年当中最忙碌的季节。采茶人多来自周边地区。尚不到庄稼收获的季节，趁此空闲时段，入山采茶，多少有些收益可补贴家用。巍峨的大山，陡峭的山

福建福鼎白毫银针·采摘茶芽

地茶园，三三两两散落在茶园间的采茶人，远远望去，却似点点繁花。从清晨到日暮，手采雪芽忙不停。早春的嫩芽肥壮，满披白毫，看上去毛茸茸的，煞是喜人。当地人最爱的是唤作"旱茶""笨茶"的信阳群体种茶树的嫩芽，产量不如引进的无性系良种来的高，芽形也不如后者美观，炒成的茶却有着最美好的香味。树如其名，只在人迹罕至的大山上，才留有数量不多的群体种老茶园。一天下来，饶是熟手，不过一斤八两，所获无多，收益微薄。清明前采摘的幼嫩芽头，在当地唤作"跑山尖"，是用来炒制毛尖的上好原料。炒制成的干茶，芽头的数量，以单位来算，与碧螺春茶大致相当，500 克不下 6 万芽头之数，粒粒皆辛苦。

东海之滨，福地福鼎，点头镇柏柳村，白茶发源地。一年当中，出产白毫银针最好的时节，就属清明前为数不多的时日。茶园里，栽种的大都是无性系的茶树良种福鼎大白茶、福鼎大毫茶。茶芽争相萌发，一家老少采茶忙。初为人妻的少妇，衣着时尚，尚未褪去新人的羞怯，已自下地忙碌。那粉红的塑料防雨裤，是为了防止茶树上的露水打湿衣裳。难得晴好天气。只有在晴好天气，采下的茶芽才能做出顶好的白毫银针。商家的竞相收买，使得茶青能卖上一个好价钱。这才是一家人辛苦劳作的动力所在。早几年市况不好，拖累了白茶的行情，以至于离家远的老茶园无人照料，乃至恣意生长成了放荒的茶园。近年来白茶内销市况热络，放荒茶园的鲜叶，今日反而成了众人朝思暮想、争相抢购的对象。点头镇上的茶青交易市场，临近黄昏依然人头攒动、熙熙攘攘，挑着担子来卖青叶的茶农，开着农用车拉茶青的贩子，坐地收购茶青的厂商，汇集出芸芸众生的世相百态。

　　天府之国，四川盆地，雅安名山，蒙顶黄芽发源地。非物质文化遗产蒙顶黄芽制作技艺代表性传承人魏志文先生就住在蒙顶山的脚下。自阳春三月开始，他将迎来一年当中最为忙碌的季节。山下的茶园早已是一片繁忙的采茶景象。远远望去，一位面目慈祥的老阿婆正自采茶忙。趋步上前，随口探询："老人家，一天采茶赚多少钱？"老阿婆抬起头

四川雅安蒙顶黄芽·采摘茶芽

来，满面春风地笑答："赚好多钱嘞！"在我们看来，那一天辛苦所得的收入微不足道，却是老人家衣食的一份保障。那份我们久已失落的知足乐观，正是幸福的源泉。蒙顶山上，茶园中的茶树尚未抽芽。同一个区域之内，小气候仍然顽强地行使自己的影响力，唯有耐心等到清明的到来，采摘下来的幼嫩茶芽才能呈现蒙顶黄芽最为曼妙的滋味。

四通八达的高速公路网络，使得整个四川省的鲜叶得到最为合理的分配。自贡市荣县长山镇鲜叶交易市场，四面八方的鲜叶汇聚于此，成为方圆左近等级最高的茶青交易中心。茶农一天到晚采摘的幼嫩茶芽全都汇聚于此，经由专事经营青叶的贩子之手，转售给在此焦急等待的茶叶加工厂的青叶采购人员，成麻袋的鲜叶急急忙忙装上面包车，在夜色之中向着来的方向飞奔而去。倘若运送不及时，鲜叶起热烧青，损失就大了去了。鲜叶寄托着一家老少的生计，容不得有半点闪失。优越的自然条件，辛勤达观的劳动人民，四川担负着给国人供应数量最多的名优茶的重任。

江南腹地，浙江德清，莫干山幽，清凉之地。群山环抱之间，茂林修竹之地，泉水叮咚，茶园青翠。时至三月下旬，鸠坑群体种的茶树开始萌芽，举目四望，茶园里俱是采茶人。一个朋友尝笑言："自从开始做茶，便再也不曾注意过日历，整年都盯着茶园里的茶树，你看你看，茶树又发芽了呀！不知不觉间，头发都白了。"入眼所见，采茶的都是两鬓斑白的老人，手脚已经不比年轻时来得麻利，仍然不肯放下手里的活计，趁着天气尚好，多采些茶芽。气温上升很快，茶树竞相吐蕊，一时一刻也不肯等人。年复一年，他们在茶园里操劳，以茶为业，依茶而生。养大了儿女，不觉间自己业已韶华不再。一生的时光，大都交付给了这小小的茶芽。离家远游的孩子，能否从这莫干黄芽中品味到父母深深的思念之情呢？

浙江德清莫干黄芽·采摘茶芽

　　东南形胜，武夷山幽。武夷山国家级自然保护区位于闽赣两省相接之处，以桐木关为界，福建省占去了大半，余下的则归于江西省。桐木村，行政上隶属于福建省武夷山市星村镇管辖，广达300多平方公里的土地，山高林密，溪流纵横，各个小队四下分布在高山峡谷的角落里。这里是中国红茶的诞生地，数百年来，久不为国人所知。直到本世纪之初的2005年，桐木村江墩的梁骏德先生，无意间创制出了前所未见的红茶，取名"金骏眉"。这种采摘幼嫩茶芽的红茶，改变了国人的旧俗，使得饮用红茶的风气成为中华大地的新风尚。处于世界人与自然生物圈核心位置的桐木村，绝少有外人涉足。每年冬天，桐木村都被如期而至的大雪装扮成银装素裹的世界，而来年春天的脚步总是姗姗来迟，直到清明前后，山上茶园里的武夷菜茶才初萌新芽。山高坡陡的茶园，采茶人的

福建武夷金骏眉·采摘茶芽

不易一望可知，未知的危险来自于从冬眠中苏醒的蛇虫们，高筒胶鞋成了采茶人的必备装束。一个小队区区数十户人家，一天下来，将所有的收获汇拢，

复加手工细细拣剔之后，拢共不过数十斤幼嫩芽头。沾亲带故的街坊邻里，既分工又协作，每日里顶多只有两家挂牌收购幼嫩的芽叶，家家都有轮番做庄的日子。一个茶季下来，每家都有收获。村村通工程的乡村道路修进了村子，却未至地处偏僻的各个小队。赶上了早几年金骏眉火热的市场行情，每家出一斤干茶换回的资金，就将长达几公里的水泥路修到了各家各户的门口。数说起往日的情形，宛若隔眼云烟。

老嫩适度的芽叶

自古及今，富有远见卓识的人们，秉承中庸之道，在名茶原料选取上，普遍推崇的是老嫩适度的芽叶，在品质与产量之间，寻找到了完美的平衡点。名优绿茶中的乌牛早、安吉白茶、龙井茶与黄山毛峰，名优黄茶中的平阳黄汤，名优白茶中的白牡丹，名优红茶中的政和工夫红茶、祁门工夫红茶，莫不如此。

浙江东南，濒临东海，温州地暖，独宜早茶。早春二月，永嘉县乌牛镇岭下村的茶园里，已是一番春意盎然的景象。这里是乌牛早茶的发源地，迄今已有 600 余年的历史。乌牛早茶，原名岭下茶。无性系茶树良种，灌木型，中叶类，特早生种，定名为嘉茗 1 号。当地茶农的习惯，任由茶树生长到近一人高，伸手将柔嫩的枝条拉至面前，连芽带叶一并采摘。曾有人考证认为永嘉乌牛早茶、杭州龙井茶种同出一脉，皆系江南茶祖葛玄天台华顶所植茶树的后裔。但因气候温暖，品种特异，乌牛早茶的开采期比杭州龙井茶提前了将近两个月的时间。待到清明杭州龙井茶大面积开采上市的时节，永嘉的茶农已经着手修剪茶树，结束了春茶的开采，等待下一个茶季的到来。抢鲜上市的乌牛早茶，与龙井茶树种同源、工艺相同，却在龙井茶的盛名之下，背负了不应有的罪与罚。

浙江永嘉乌牛早茶·采摘芽叶　　　　　　　浙江平阳特早茶·采摘芽叶

同属温州市的平阳县，亦以早茶闻名，唤作平阳特早茶，原产于敖江大坪村，无性系、灌木型、中叶类、特早生种。地处雁荡山脉，海拔最高的朝阳山，云雾缭绕，宜产早茶。二月下旬，料峭的春寒犹未褪去，身着棉衣的采茶人已经在茶园里忙个不停，腰间系上塑料围裙，防止茶树上的露水打湿衣衫。采摘下来一芽两叶的鲜叶，用来加工一种珍稀的黄茶平阳黄汤。从乾隆年间直到现今，这个传统已经延续了200余年。

浙江西北，湖州市安吉县，地处天目山麓，西苕溪原本是黄浦江的源头。源自天荒坪镇大溪村的安吉白茶，无性系茶树良种，灌木型、中叶类、中生种，定名为白叶1号。每年的早春时节，安吉茶农的心情都伴随着气温的变化剧烈波动。大面积栽种白叶1号的茶园，收成与气温的关系可谓生死攸关。气温15℃～23℃时，初期新芽叶呈玉白色，叶质薄，脉浅绿色，芽叶内曲，似兰花状。而后芽叶渐白，一芽二叶时最白。正是一季当中收获的黄金时节，行走安吉茶山，处处皆是抓紧时间采收新梢芽叶的农人。当气温持续超过 25℃时，芽叶转为绿色，意味着白茶季节的结束，只有相期下一个茶季的到来。名为白茶，采摘细嫩芽叶却是依照绿茶的工艺精心制成，或依龙井茶的炒制工艺名为龙形的安吉白茶，或依毛峰茶的工艺名为凤形的安吉白茶。迷失于茶名的误引，不辨雌雄者将安吉白茶归诸白茶类的不乏其人，这实在不能归罪于他人。更有人将龙形的安吉白茶当作顶好的龙井茶。除却外形相似，安吉白茶的品质亦足令人称道。

人间天堂，当属杭州。钱塘江畔，西湖之滨，武林山脉，溪水流淌，茶园转翠。曲径通幽，石板道四通八达，连通了狮峰山、龙井村、云栖、梅家坞与虎跑泉，汇集了西湖龙井茶的核心产地。直到每年 3 月下旬，西湖龙井茶园方行开采。早采的都是些无性系的茶树良种，龙井43、龙井茶叶，种植面积越来越大。最受行内人青睐的龙井群体种茶树萌芽期迟、发芽率低，相较早产、高产的良种茶树，步步退守至高山上，占据了为数不多的领地。狮峰山上，跨省赴此地而来的采茶工们，四下散落在茶园里，忙着低头采摘鲜嫩的芽叶。世间争相称誉的龙井茶，就产自这里。茶园里彩旗飘飘，走近细看，方才发现书写有茶园主家的姓名，以划分界限，避免越界采茶。采茶人，就像候鸟般追逐春天的脚步，从一个茶区奔赴另一个茶区，从一座茶山登上又一座茶山，为一份衣食，忙碌奔走。

一生痴绝处，无梦到徽州。安徽省黄山市徽州区，地处黄山山脉以南，富溪乡位于新安江的上游，溯流而上弯弯曲曲直抵黄山深处的充头源，

浙江安吉白茶·采摘芽叶

浙江西湖龙井茶·鲜嫩的芽叶

浙江西湖龙井茶·采茶归来

那里正是黄山毛峰茶的发源地。数十户人家的房屋依山而建，周遭的山坡上星罗棋布地分布着茶园，栽种的大都是灌木型的黄山种。清明刚过，路旁的茶园里，一对父子正在采茶。人到中年的父亲，口里不停地数落着年少的儿子不懂得父母采茶的辛苦，特意带领他来茶山体验采茶的艰辛。少年撅着嘴不说话，虽然表情很不情愿，依然努力想要赶上父亲的进度，不尽熟练的手法露出年轻人的青涩。临近黄昏，采茶人纷纷从山上回到充头源。恰巧遇上国家级非物质文化遗产黄山毛峰茶制作技艺代表性传承人谢一平先生，正是在他的动议和带领之下，合村并校后留下的一排校舍整饬一新，改成了新成立的合作社的手工炒茶点。围拢着茶青收购点，大家七嘴八舌，热闹非凡。专事青叶收购的是一位沉稳的中年人。

安徽黄山毛峰·父子采茶

安徽黄山毛峰·鲜叶收购　安徽祁门红茶创始人胡元龙故居

　　他从茶农递上来的竹篓里抓一把青叶细细察看，肥嫩的芽叶，黄澄澄的色泽，煞是喜人。定级、过秤、开票，成交之后的茶农并不着急离开，待到下一位成交，纷纷围上来仔细比对，为了收购价格每斤三两元钱的差别，非得要争出个子丑寅卯。一天下来，卖出青叶的收获，上下不过十几元钱的高低差别，却牵动人心。

　　黄山市的祁门县，两山夹一谷，中间溪水流淌，敞开大门欢迎四方宾客的到来。进入祁门县界，路旁的墙上一行大字赫然醒目："你们祁红，世界有名。"落款是"邓小平"。伴随春季的到来，这里也进入了忙碌的采茶季节。平里镇贵溪村，祁门红茶的发源地。创始人胡元龙的故居犹在，门上落锁，主人上山采茶去了，要到天黑才会回来。时过清明，茶园里茶树蓬勃萌发，采下来的一芽两叶都是高档茶的原料。

安徽祁门红茶·采摘芽叶

安徽祁门红茶·鲜叶收购告示

福建松溪白牡丹·鲜叶收购

当家的都是灌木型群体种的茶树，周边金黄的油菜花开得正艳，远远望去煞是好看。贵溪村口的墙上，村里初制所的承包人贴出了茶青收购的告示。周知村民，采摘的青叶老嫩分开，次茶次价，好茶好价，就地过磅，现金收购。内销红茶质优价高的信息，通过这一张小小的告示回传到了古老的茶乡。

闽北之地，南平市松溪县。清明时节，正是采摘细嫩芽叶的时候。这些芽叶是加工名优白茶白牡丹的上好原料。郑墩镇附近的茶园里，雇请来的采茶女工们，头顶着日较一日火辣的大太阳，挥汗如雨采茶忙，甚至来不及拭去额头渗出的汗珠子。面对相机的镜头，一位采茶的大姐背过身去，口中不住声地叫道："不要拍我，让人家看到不好，会讲这个女人好穷，要靠给人家采茶过活。"闻听此言，我默默地放下了手中的相机。这已经不是第一次在访茶时遭遇这样的情形了，只是不如这位大姐说的这般直接罢了。短短三十年，生活在城市里的人们，彻底跨越了工业化的门槛，享受着现代化带来的种种好处；而生活在乡村的人们，仍然在很大程度上停留在农业时代，不得不出卖自己的体力换取微薄的收入。物质上的困窘伴随着精神上的伤害，劳动者普遍得到尊崇的时代正在离我们渐行渐远。这不过是万万千千从事农业生产的人们最为现实的日常写照罢了。临近正午，雇主收运茶青的拖拉机已经开到了田间地头。一位精壮的中年汉子大声地召唤着采茶女工们。闻声而至的采茶工们手提肩扛，把上午采下的茶青拿过来一一过秤，一个个睁大眼睛看着工头笔记本上记下的数字，唯恐出错。每组数字的背后，都浸透了采茶工们辛勤的汗水。

相距松溪县不远就是政和县。两县曾为一县，分分合合，同属于南平市管辖。政和县星溪乡富美村，新居的旁边老屋犹存，行走其间，有一种时空交错的感觉。房前屋后的茶园，成行成排整整齐齐栽种的都是无性系的良种政和大白茶；远处的山上，一蓬蓬星散分布的都是有性系的群体种小菜茶。一场春雨过后，天色放晴，茶农忙着在茶园里采摘茶青，一芽一叶是顶好的政和工夫红茶的原料，更多的是采摘的一芽两三叶。春季的好天气非常难得，采下的青叶质量好，能卖上好价钱。整个村子周边的茶园，都是一番忙碌的采茶景象。

福建松溪白牡丹·采摘芽叶

福建政和工夫红茶·采摘芽叶

茁壮的新梢

采摘嫩芽、芽叶源自于贵嫩、贵早的传统遗风，与之并行不悖的还有另外一种传统，那就是采摘茁壮的新梢，如绿茶中的名品太平猴魁、六安瓜片，黄茶中的皖西黄大茶，红茶鼻祖正山小种红茶，白茶中的名品贡眉、寿眉，青茶中的名品武夷岩茶、安溪铁观音、凤凰单丛，黑茶中的普洱茶、雅安藏茶、赤壁青砖茶、安化黑茶与梧州六堡茶。先人们不断对自然进行温柔的试探，从细嫩的芽叶到茁壮的新梢，茶树给予人们以丰厚的回馈。

江南茶区，皖南黄山。时过谷雨，黄山南麓的春茶采摘季节已经接近尾声，在山的另一面，黄山北麓的茶园，刚刚迎来采茶的旺季。黄山市黄山区新明乡三合村，崇山隔阻，太平湖水环绕，过去只能通过船舶与外界往来。今日依山傍水新修造的公路改变了既往的局面，交通的便捷使得三合村失去了往日的神秘感，过去宛若世外桃源般的乡村景象不再。从三合村通往猴坑山巅的道路逼仄陡峭，柴油动力的农用三轮车发出震耳欲聋的轰鸣声奔向山上。同车的国家级非物质文化遗产太平猴魁茶制作技艺代表性传承人郑中明先生，大声开着玩笑："任是多么尊贵的客人来了，也只能坐这个车，顶多就是加个垫。"上到山顶往下俯瞰，几乎是垂直九十度的陡峭山崖。侧耳倾听，有采茶人说话的声音隐隐传过来。地处如此险峻地势的茶园，孕育出了太平猴魁茶最曼妙的滋味。听闻采茶人腰间绑上绳索才能下到茶园采茶，而且不免有人失足跌伤的事件发生，让人心有戚戚焉。登临山巅的凤凰尖，远眺烟波浩渺的太平湖，近看眼前满眼青翠的茶园，栽种的都是有性系群体种灌木型的柿大茶。当新梢第一叶初展时，第二叶仍紧靠幼茎，因节间较短，二叶尖同

安徽太平猴魁·采摘鲜叶

安徽六安瓜片之源

安徽六安瓜片发源地蝙蝠洞

芽头长短基本相平。采下这样苗壮的嫩梢，才能制出上好的太平猴魁茶，美其名曰"猴韵"。忙碌的采茶人，满山尽入眼底的美景，别有一番风味在心头。

江北茶区，皖西六安。时近谷雨，大别山北麓的金寨县，响洪甸湖水波光粼粼，青山如画倒映水中，茶园里六安瓜片的采摘正值旺季。早上出发，从山脚下麻埠镇响洪甸村循着步道攀登齐山，沿着山崖盘旋曲折而上的挂壁小道一步步艰难向上攀爬，但见身边往来上下山的茶农挑着担子健步如飞，让人好生感佩。齐山顶上只有三两户人家，院落旁边的石壁上刻着一行大字："六安瓜片之源"。落款为于观亭先生所题。山顶上的坡地，近观远眺，入目尽是茶园。顺着沿途道边的指示牌，继续步行前往半山腰上悬崖下的蝙蝠洞。仰望陡峭的崖壁，刻着"蝙蝠洞"三个大字。花钱雇来的向导，身手敏捷徒手爬上了蝙蝠洞，丢下绳索拉我们上去。倾耳静听，果然有蝙蝠吱吱的叫声。悬崖之下这方老茶园，栽种的尽是灌木型群体种的茶树。以往采摘芽叶回去之后再行扳片，今时已改作直接从新梢上采片，唯有此茶单独选取鲜嫩的叶片为原料，堪称一绝。下山的时候，循着另一条小路往回走，不经意间误打误撞走到了齐山村。村子的房屋大都是旧时的土坯墙青瓦房，家家户户却极为整洁干净。打听之下才知道，顺原路步行回去只有数公里，开车却要绕上近 30 公里。精疲力竭的一行人回望高高的齐山无人作声。乘车回去的路上，向窗外望去，已经是黄昏了。

　　皖西六安，大别山的主峰白马尖位于霍山县境内。从霍

安徽六安瓜片·采摘鲜叶

山县太阳乡直奔金竹坪，时近立夏，满山茶园苍翠欲滴，鸟鸣婉转声声动人心弦。年深日久风化出来的烂石茶园，灌木型群体种的茶树，一蓬蓬星散四下分布。远远地望去，有年轻的妇女正在茶园里忙着采茶，一旁年龄尚幼的小妞妞兀自在茶园里愉快地玩耍。小鹿般机警的小姑娘一眼瞧见有相机对着自己，害羞起来，立马跑到妈妈的身旁，手脚并用爬上妈妈的背，悄悄回望。妈妈嘴里不住地安慰着自己的孩子，并不曾停下手中的活计。斜挎在身上的竹篓里面，盛装的是刚刚采摘下来的茶青，一芽四五叶长的嫩梢，正是加工皖西黄大茶的上好原料。挥手告别采茶的母女，孩子的脸上流露出天真的笑容。

安徽霍山黄芽·采摘鲜叶

福建福鼎寿眉·采摘鲜叶

　　闽东宁德，福鼎市白琳镇三斗丘。时过清明，两位老人家正在自家茶园忙着采茶，此时所采一芽三四叶，只好用来加工贡眉、寿眉了。气温上升很快，一夜之间新梢就长得很大了。不多会儿工夫，放在茶蓬上的茶篓已经装满了茶青。茶树犹如时令草，新梢芽叶的萌发与农历的节气亦步亦趋。一年当中，清明前是茶青价格最好的时候，遇到好年景，能占到收入的八成以上。此后，经春历夏至秋，茶青的价格跌至谷底，寥寥无几的收入能顾住茶园农资的投入就算不错了。一家人十多亩茶园，成家后的孩子们都在附近的镇上工作，只留下两位老人家照看茶园。今年春上遭遇了倒春寒，茶园开采迟了近半月的时日，收入远不及往年。两位老人家的脸上流露出淡淡的愁容。靠天吃饭的茶农生活不易，衣食都要仰仗青叶来换取，好与不好，日子都要一天天过下去。

　　闽北南平，武夷山市星村镇桐木村。时近立夏，走在三港小队的街上，相熟的茶农见面打招呼："还没有走呢？"笑嘻嘻地回答："这是

又来了。"春茶一季当中，能吸引人两度到访的唯有此地。从此际开始，将迎来采摘新梢加工小种红茶的旺季。正值梅雨时节，雨下起来没完没了。擎着伞在村子周边的茶园里晃悠，身穿雨衣、头戴雨帽、脚蹬长筒胶鞋的茶农正自忙着采茶。抵近上前询问："雨天还采茶啊？"大把大把采着新梢嫩叶，头也不抬："雨天青叶梗脆还好采些，就是做茶的师傅会不高兴。"说话间，随手把青叶扔进背后的竹篓，眼见就要装满了。临近中午，采茶人陆陆续续回来交售青叶，过秤之后扣除三成的水分记下重量。靠天吃饭的茶农，从不吝惜自己的体力，茶季里无论晴天或者下雨，都在茶园里忙碌。绿油油的青叶，承载着一家人的生计，寄托着人们对美好生活的期望。

　　大山的另一端，武夷山市洋庄乡浆溪村吴三地，山坳里有一片水仙古树茶园。这里是新近几年声名鹊起的武夷水仙产地。适逢立夏时节，正是水仙茶树青叶采摘的高峰，新梢形成驻芽后，采下一芽三四叶。钻进茶园里，立刻被淹没在茂盛的茶树林里。从树下看，棵对棵顺山坡栽种的尽都是水仙茶树，这是百多年前的人们留给子孙的财富。向上仰望，只能看到采茶人踩在树枝上的脚；站在茶园边上，也只能看到浓密的树枝间采茶人露出的头，难

福建武夷水仙·采摘鲜叶

窥其全貌。仰着脸询问树上采茶的大姐："您采一斤茶青多少钱？"大姐爽朗地笑了笑："老板娘不让讲。"打量四周后又问："老板娘不在可以讲一下嘛！"大姐伸出两个手指比划了一下。"赚的不多哦！"大姐又笑："很多了，不用爬上来采的还少些。"很快，背在身上的竹筐就装满了青叶。由远及近，耳畔传来声声的抱怨，埋怨采茶人不够尽心，漏采了茶树，听语气是茶园的女主人来了。采下的茶青过秤之后，由专人挑回村里去。地处陡峭山坡地带的茶园，仅容一人通过的小路，一切都要仰仗人力。漫山的野花，飞舞的蜂蝶与人一样，一切的辛苦付出都是为了生活。

闽南泉州，安溪县感德镇槐植村。巍峨的高山上，放眼望去漫山遍野全都开成了茶园，只有山坳里还留有成片的树木。一场大雨过后，山下清澈的溪流变成了滚滚泥汤。茶园里全都是新近几年栽植的铁观音茶树，尚且属于幼龄新丛。9月底10月初，农历寒露前的时日，正是一年当中采摘顶级铁观音茶青的黄金时段。天气仍然溽热难耐，正午时分，火辣辣的大太阳底下，一家母女三人人手一把剪刀，手起剪落，一芽两三叶的茶青稳稳地落在手掌里，反手投入身旁的竹篓。这个时段采下的是一天当中最好的午青。上前搭话，满口闽南话的妈妈听不懂普通话，反倒是年方八岁的小女儿讲的是一口流利的普通话。正当上学的年纪，却随妈妈在这里采茶，让人有些不解。沉默半晌之后，小女儿转述了妈妈絮絮叨叨的一番话："妈妈说要采茶挣钱给我们交学费！"秋茶一季二十天的采摘周期，母女三人每天早出晚归，挣下的一点收入，也仅仅只是勉强顾住两个孩子的学费。从茶树上的鲜叶到杯中的茶，收益最微薄的却是源头辛苦劳作的采茶工。她们的命运正是万万千千辛苦劳作的茶农们的真实写照。

广东潮州，潮安区凤凰镇，乡道201公路凤乌线连通山下的凤凰镇与山上的乌岽村。清明左右开始，直至立夏前后，伴随气温的升高，从山脚下慢慢上升到山顶上，乌岽山上的古茶园渐次进入春茶采摘的旺季。最先萌发的都是早生种的白叶单丛。茶园里采茶的老人家们聚在一起，围着茶树，低头采采，抬头采采；太高的茶树，还要站到梯子上面去采。他们一面采

福建安溪铁观音·母女采青

广东潮州单丛·采摘鲜叶

茶一面拉着家常。我远远地呼唤："老人家……"一位采茶的阿婆应声回过头来，满面笑容露出满嘴的假牙。日子就这样一天天过去，绿了茶树的新梢，白了老人家的华发。

云南西双版纳州勐腊县，象明乡新发寨革登茶山古茶园里，临近清明，古茶树新梢发得正旺。抬眼望见，一位彝族的老人家正坐在茶树上采茶，"云南十八怪"之一——老太太爬树比猴快，果然不负此名。树下面站着一位拄着拐杖的老爷爷，腰间斜挎了个盛装青叶的布袋。年近八旬的老两口舍不得自己半生守护的古茶园，担心租给别人茶树得不到好的照料，不肯跟随儿女们到城里去生活，守着一方茶园过活。他们精神愉快，身板儿硬朗，偌大年龄还能下地劳作，动作麻溜儿上树下树采茶,让人好生羡慕。这样的日子就是好日子。

云南普洱·采摘鲜叶

四川省雅安市雨城区，时过端午，雅安藏茶本山茶的核心产地周公山，茶园里一片葱绿茂盛的景象，有性系灌木型群体种的中小叶种茶树萌发旺盛。一年当中，这一轮次采摘下来的鲜叶，是藏茶梦寐以求的上好原料。茶园里，老人家们正在忙碌采茶，偌大的竹筐中盛装的都是新采下来的青叶。非物质文化遗产南路边茶（雅安藏茶）制作技艺代表性传承人伍仲斌先生，抬头望见了电线上的一只白头翁，摸摸头忍不住感叹："只顾做茶，这头发都白了呀！"周公山下，青衣江畔，村子的深处，一家初制所内，老板正在忙着验收刚刚送回来的青叶。一位老人家吃力地蹬着一辆装满青叶的三轮车驶进院中，老板迎上前去直接塞给老人家一张钞票，放下青叶的老人家骑着三轮车离去了。乡里乡亲，人和人之间正是有了一份关爱，让艰难的生活增添了一份暖暖的温情。

　　广西梧州市苍梧县，六堡镇塘坪村黑石自然村，四面环山的高山盆地，茶园里栽种的大都是有性系灌木型的群体种茶树。时值霜降，迎来了一年当中最热闹的采茶日。当地人的习俗，霜降日当天，采摘当年的老叶或隔年的老叶，用以加工成老茶婆，有着特殊的功效，饮之益寿延

四川雅安藏茶·采摘鲜叶

白头翁

广西梧州六堡茶·采摘鲜叶

湖南安化黑茶·采摘鲜叶

年。许是为了讨个吉利，家家户户的老年人，倾巢而出上山采茶，有说有笑，欢天喜地。中国的农民，历来笃信农历的节气里隐藏着自然的奥秘。

　　湖南省益阳市安化县马路镇云台山，饮誉黑茶行业的云台山大叶种茶树的发源地。时过立夏，茶园里迎来了采茶的第一轮高峰。一位满头白发的老人正自采茶忙，手指上套着一个小镰刀，将尺把长的青叶割采下来。近前打招呼："老人家，您老高寿啊？"老人停下手中的活计，乐呵呵地回答："八十三了！"又问："您老一天能采多少鲜叶？""老了，不中用了，一天能采八十斤。"看着老人家浆洗得发白的衣服，蓝粗布四个兜的中山装，不禁回忆起了过往的年代。生活在农村的老人，每日劳作不息，为的都是日复一日的生活。

　　湖北省赤壁市赵李桥镇，青砖茶之乡。正当"十一"期间，羊楼洞

湖北赤壁青砖茶·鲜叶机采

　　老街附近的茶园里，传来采茶机的轰鸣声。走近看，一帮人正忙着采茶，机械采茶又快又好。两个人抬着采茶机，削割茶树的嫩梢，一人在后面托住盛装茶青的布袋。顺着成排栽种的整整齐齐的茶树，一去一回，十分钟不到，就收获了一百斤的青叶。等在田间地头的人，将青叶一担担挑到路边，装满青叶的农用车满载而去。工业文明的成果，正悄无声息地改变着农业生产的方式，将其引领进现代化农业文明时代。

　　时令，传统农耕文明时代人与自然之间达成的无声契约。四季轮回，循环往复。二十四节气，就是自然与人之间信守的承诺。农历的春节，响彻大地的鞭炮声犹如滚滚春雷，召唤万物回春。傣历的泼水节，欢庆的人们相互泼水祝福，告别旱季，迎接雨季的到来。从热带、亚热带到暖温带，茶树枝头的一抹新绿，给远方的人们捎去春的消息。一年之计在于春，这是采茶人一年当中最为忙碌的时节，收获的是一年的希望。

农耕文明时代，人们内心无比渴望新鲜美味的茶，春天给期盼已久的人们带来完美的回馈。农谚"三前摘翠"，意指社前、明前与雨前，采摘鲜嫩的芽叶。珍稀的绿茶、白茶与黄茶，凝结了春天最美好的记忆。"春茶苦，夏茶涩，要好喝，秋白露。"大宗的绿茶、白茶与黄茶，铭刻了季节的滋味。"春水秋香"，青茶爱春天的味，亦爱秋天的香。在"重香求味"与"重味秋香"之外，追寻韵味。经春、历夏、入秋至冬，黑茶镌刻了季节的味道，然后将它交付给时间。时间是黑茶最好的艺术家，赋予了黑茶这世间最好的味道。

气象，现代农业文明时代人与自然之间和谐相处的先决条件。气候决定了茶区气候带的归属，从热带、亚热带到暖温带，从旱季、雨季的交替到四季的轮回，开采期由早至晚、由长至短。天气条件决定了开采期内鲜叶产量的多少、质量的高下。依照科学的指引，遵循气象的规律，寻觅到每类茶最相宜之地，那里就是名山名水出名茶、高山云雾出好茶的所在。看天采茶、看茶采茶，这是人与自然之间达成的和解。

十数年的访茶经历，我走遍了西南、华南、江南与江北四大茶区。许多茶乡，因茶而富，茶农们过上了好生活；更多的茶乡，仿佛被遗忘在了时光里，仍生活在农耕时代。留守在茶乡的老人、妇女和儿童，辛苦劳作，收益微薄，成了沉默的大多数，身上背负了这生命难以承受之重，他们是我们本不应忘记的父老乡亲，有着和我们一样追求幸福和尊严的崇高权利。但愿每一个人都能够知道，这一杯茶传递了人与人之间的关爱，滋养着身心与灵魂！

第三章

匠心制茶：初制工艺

云南普洱晒青毛茶·摊青

匠心制茶

从茶树新梢枝头的一抹嫩绿，到眼前杯中的一盏茶，究竟经历了什么？现代科学的解读是，鲜叶经由物理、化学与生物三种机理的作用，呈献给世人的饮品。传统文化的阐释是，茶是天地人联袂造就的智慧结晶。

自唐以降，千年以来，制茶技术的演进，都得益于饮食技术的滋养。对茶的追求，普世的法则是能喝，极致的追求是好喝。绿茶、白茶、红茶、青茶、黄茶、黑茶与再加工茶，从一类到七类，从一种到数千种。俗谚："喝茶喝到老，茶名记不了。"

"春雨惊春清谷天，夏满芒夏暑相连。秋处露秋寒霜降，冬雪雪冬小大寒。"二十四节气里，蕴含着茶季起承转合的奥秘。从农业文明时代到工业文明时代，从传统手工制茶技艺到现代机械制茶技艺，伴随着节气的变化，制茶技艺发生律动，不变的是对茶品质的孜孜以求。一片匠心全为茶，从传统到现代，从手工到机械，制茶技艺历经淬炼，一次次涅槃重生。那是一代又一代制茶工匠们用辛勤的劳动与智慧的结晶孕育出的草木之灵。

一款好茶，科学的表述：原料是基础，工艺是关键！精细的划分：首先在初制，其次在精制。从鲜叶到毛茶，经由初制工艺，茶的新生命得以诞生！从毛茶到成品茶，经由精制工艺，茶的生命得以升华！

采自同样茶树上的鲜叶，经由不同的工序，演变出千姿百态的面貌。追寻其本质，血脉相连的它们都有共通之处。追寻其风格，亦有各自的不同。从鲜叶到茶叶，我们将所有茶大都采用的工序称为通用工序，而将有些茶各自采用的工序称作特有工序。七大茶类的加工工序，时而相同，时而分流。在相同的工序里，又有着微妙的差异。在不同的工序里，又有着相似的追求。茶的性格，就如同我们人的性格一样，有着相似的共性，又有各自不同的个性。由此，才衍生了子孙满堂的茶之家族。有的伴随过往的岁月随风逝去，有的面向未来获得新生。我们看待茶的命运，就如同照见我们自己的命运！

让我们一起走进茶乡，用我们的眼睛去观察，用我们的心灵去感悟，每道制茶工序的背后，隐藏了多少茶的奥秘？多少茶人的喜怒哀乐？那又是一个怎样瑰丽又深邃的茶世界？

尚且带有采茶人掌心余温的鲜叶，辗转交付到了制茶师傅的手上，这是一种关乎茶之命运的托付。从茶树上采摘下来的鲜叶，到毛茶的诞生，这个过程被称作茶叶初制。由此，茶获得了新的生命。

丰富的经验源自年复一年制茶实践的积累，技艺的提升来自于口传身授的传承。从古至今，汇就八字要诀："看天做茶，看茶做茶。"在天、地、人三者之间，源自于农耕文明时代的传统手工制茶技艺，因循天地间自然规律的变化，造就出千锤百炼的手工制茶技艺。如今绿茶、白茶、红茶、青茶、黄茶、黑茶与再加工茶中的茉莉花茶，众多的传统制茶技艺纷纷入选非物质文化遗产保护名录，作为一种古老文明的成果得以保存。始自工业文明的现代制茶技艺，遵循科学的原则，以求尽最大限度摆脱对自然的依赖。这是一种现代文明的产物，满足了普罗大众的现实需求。传统与现代，手工与机械，文化与科学，各自都有自己坚定的信仰与忠实的追随者。

通用工序：摊放为提质

鲜叶的摊放，绿茶、黄茶、黑茶称之为摊青，白茶、红茶、青茶称之为萎凋。摊青描述的是青叶的静置形态，萎凋描述的是青叶的形态变化，汉语词汇展现出惊人的生动性与准确性。

初看摊青，只道是寻常。实地探访，感受大不同。摊青，从无到有，将茶分作两个世界。行走茶区的过程中，常常会生出深深的感触，少了摊青工序的茶，仿佛还停留在过往的时光里。常常在想，如果能够加上摊青的工序，想必茶质一定会更好。

春分之际，云南省澜沧县景迈山，正值头春生态茶鲜叶集中上市之际。在一家茶叶初制所内，萎凋槽已经不够用了，地上临时铺就的竹席也都堆满了鲜叶。负责人挥舞着双手做抱头状，笑着抱怨："一天五千斤鲜叶，想想头都大了，今天晚上是睡不成觉了。"辛苦若此，却依然坚持摊青的工序。普洱茶近年来能够从众多黑茶中脱颖而出，原料晒青毛茶的加工，注重摊青的工序，功不可没。

将近谷雨，贵州省凤冈县，一家初制厂正在忙着加工大宗绿茶。每一个萎凋槽里都堆满了鲜叶，足足有一尺多厚。萎凋槽下面加装有轮子，方便工人们把青叶直接推到杀青机跟前。这种看似简单不起眼的摊放工序，加工出来的大宗茶，品质提升，价格亲民，深受欢迎。

立夏将近，安徽省霍山县，当地一家茶厂正在加工黄大茶。天气炎热，气候干燥，制茶师们动起了脑筋：原本是给人的生活带来享受的空调、加湿器，被用到了车间里，调节温度、湿度，为的是摊青能够有更好的效果。

从粗放到精细，名优茶的摊青得到更好的对待。临近春分，正值永川秀芽加工的旺季。重庆市永川区，当地一家企业的车间内，运回的茶青堆叠在一起。目睹此情此景，火冒三丈的厂长心痛无比，一面痛斥属下的不尽心，一面亲自上手，带领大家将青叶薄摊开来。

春茶季节，行走茶区，入眼所见，绿茶、白茶、青茶、红茶、黄茶与黑茶，数不胜数，每一种名优茶的茶青都将获得最好的待遇。茶师们都深信茶青具有灵性：你给茶青以最好的款待，茶青会给你最丰厚的回馈。

摊青与萎凋，一个向左，一个向右。摊青对于绿茶、黄茶、黑茶来讲，有比没有好，精细比粗放更好，摊青是锦上添花。萎凋对于白茶、红茶、青茶来讲，必须有，程度有深浅，境界各不同，萎凋攸关品质。

　　清明刚过，天气时阴时晴。福建省福鼎市点头镇柏柳村，国家级非物质文化遗产福鼎白茶制作技艺代表性传承人梅相靖先生正在晒白茶。梅先生常常念叨："白茶对于太阳是又爱又怕，没有太阳不行，太阳太大了又不行。早上八点钟以前，不能将白茶拿出来晒，早上有海雾，里面带有盐分。中午太阳太辣又不行，需要搬回室内。只有连续两三天的晴好天气，才能晒出来好白茶。"说话间，天色变得阴沉，看似要下雨。

贵州凤冈绿茶·摊青

安徽霍山黄茶·空调摊青

梅相靖、梅传銮父子二人立马起身出去，将室外空地上晾晒白茶的萎凋帘顶在头上，一架架运往梅氏宗祠内。刚刚搬完，雨就落了下来。梅先生背着手在宗祠内走来走去，时不时伸伸手摸一下萎凋帘上的青叶，抬头看看天，神情有些惆怅。在这春季天无三日晴的福鼎，想晒出一点好白茶是非常不容易的。

时近立夏，天气时晴时雨。福建省武夷山市星村镇桐木村，江墩小队的青楼里，非物质文化遗产正山小种红茶制作技艺代表性传承人梁骏德先生正在忙着撒青。一篓一篓的青叶被送了进来，均匀地撒在竹席上。最后关上门，升起的松烟穿越竹席的缝隙带来的热量促使青叶完成萎凋，

国家级非物质文化遗产福鼎白茶制作技艺代表性传承人梅相靖先生·日光萎凋

非物质文化遗产正山小种红茶制作技艺代表性传承人梁骏德先生·青楼撒青

并赋予了青叶松烟香味。而今，家家户户做茶的桐木萎凋槽被普遍应用，做出的茶就不会有松烟的香味，满足了更多人的喜好。下午，天色放晴，梁骏德先生拿出几筛茶青放在太阳底下晒，上前询问，梁先生笑眯眯地回答："晒一晒，会更香！"

时近寒露，秋高气爽，天气晴朗。福建省安溪县龙涓乡南琦村，这个远近闻名的铁观音茶王村，趁着大好的阳光，家家户户晒青忙。上午采摘的早青，运回村子的时候已经临近中午，为了防止青叶被晒伤，黑色的遮阳篷派上了大用场。大中午头采摘的午青质量最好，运下山来适逢傍晚时分，日光斜射，光线柔和，正是最佳的晒青时机。待到日落西山以后，下午采摘的晚青才被骑着摩托车的茶农驮运回来。午青晚晒，早青午晒，晚青没得晒，仰仗日光晒青的铁观音青叶，自然萎凋的时机决定了其品质的高下。阳光称得上是铸就铁观音品质的自然艺术家。

萎凋之妙，意味深长。深入探究，令人着迷。白茶、红茶、青茶，

福建安溪铁观音·日光晒青

有的茶执着于传统手工艺，依赖自然条件，不求最多但求最好；有的笃信科技的力量，不求尽善尽美，但求稳定均衡。在人与自然、科技之间，每个人都有自己的考量与选择。一道工序，关乎茶的命运。一念天堂，一念地狱。

从古到今，从摊青到萎凋，绿茶、黄茶、黑茶、白茶、红茶与青茶，茶师们最爱的都是竹制品，方非一式，圆不一像，竹席、竹帘、竹匾、竹筛，都是用来摊青、萎凋时称心如意的工具。竹似乎与人心有灵犀，将其高贵的品格赋予了茶。行走茶区，听到最多的是茶师们的赞叹：在竹制器具上摊青或萎凋，茶有着最为美好的曼妙香味。

从传统到现代，茶的摊青与萎凋的工序，都在尝试摆脱天气对其命运的主导。萎凋槽的出现，原本是为了解决红茶萎凋的难题，却被创造性地应用到了所有的茶类上。根本的追求，都是为了获得更好品质的茶。

伴随农业现代化进程的深入，引进吸收工业文明的成果，绿茶、黄茶、黑茶的摊青，白茶、青茶、红茶的萎凋，都已经出现了自动化的生产线，宣告着新时代的到来！

特有工序：做青为求香

青叶经萎凋之后，转入晾青、摇青的工序。晾青描述的是萎凋叶静置的状态，摇青描述的是萎凋叶的动态过程，在静与动的交替之中，青茶（乌龙茶）曼妙的香味由此诞生。晾青与摇青合称为做青，恰如其名，是对这种外在物理现象的直观描述。做青亦称为发酵，实至名归，是对这种内在化学变化的科学阐释。

临近清明，天气大好。广东省潮州市潮安区凤凰镇，入夜后的乌岽山，家家灯火闪烁，茶师夜未眠，黄夜忙做青。非物质文化遗产潮州单丛茶制作技艺代表性传承人文国伟先生，伸手从晾青架上拉出一个水筛，俯身上去细细嗅闻晾青叶散发出的香味。他抓住最好的时机，双手执着水筛的两端开始摇青，青叶在水筛上如同波浪一样翻滚起来。这个过程在当地也被称作浪青，准确、生动、有趣。摇青结束，水筛上的青叶被收拢起来，犹如四面山脉合围的盆地状。翻动青叶时，他动作舒缓轻柔，如同对待柔弱的婴儿百般爱抚。每一位身怀绝技的茶师，都将深情交付于手中的茶。相守相伴，付诸这似水年华。乌岽的夜晚，天凉似水，仰望天空的点点繁星，夜已深了。

　　临近立夏，天气阴晴难料。福建省武夷山市，夜晚的武夷山，处处灯火闪亮，家家夜未眠，整夜做青忙。综合做青机，早已经普及到户。无为茶科所所长周华先生，把头伸进做青筒里，双手伸进去翻拌茶青。眼前这一筒来自正岩肉桂的青叶，价值不菲，不敢稍有闪失。从下午三点钟开始，综合做青机时而打开盖晾青，时而合上盖摇青，已经交替进行了多次。时近午夜，青叶依然没有达到理想的状态，唯有继续坚持，

非物质文化遗产潮州单丛茶制作技艺代表性传承人
文国伟先生·手工摇青

苦苦守候。直到凌晨三点，前去查看的周华先生喊了一声："好了！"一个个熬得双眼通红的茶师们来不及欢呼，急忙起身干活去了。漫长的茶季，每个做青的夜晚，都容不得有稍许的懈怠。所有辛苦的付出，全都为了茶，那是一切的希望所在。

临近寒露，天气炎热。福建省安溪县，从白天到晚上，家家户户的茶农都忙个不停。吃苦耐劳的安溪茶农，宁肯自己不用，也要给晾青间装上空调，用来调整温度、湿度。晾青架都装了轮子，方便随时拖出来，倒入摇青机来摇青。方圆左近，家家户户，整晚都在忙碌地晾青、摇青。就连在睡梦里，都能听到摇青机转动时发出的声响。清晨时分，做青形成的香气四下弥漫开来，生生把人从睡梦中熏醒。日复一日，茶季每一天的早晨，都是与茶香相约的美好时光。

从传统农耕时代进入到现代农业时代，每一种乌龙茶，都在经历从手工做青工艺到机械做青工艺的转变，不变的是一脉传承的法则，为的

福建武夷山无为茶科所所长周华先生·做青

福建武夷岩茶·综合做青

福建安溪铁观音·空调做青

福建安溪铁观音·机械摇青

都是获得好茶。

通用工序：杀青为求香

制茶，孜孜以求其香。绿茶、黄茶、黑茶，将其付诸杀青；青茶将其付诸做青，而后杀青以留其香；红茶将其付诸发酵，之后的过红锅为杀青的遗存；白茶将其付诸萎凋，彻底舍弃了杀青。

杀青，描述的是人与青叶相爱相杀的过程。青叶中蕴含的低沸点香气物质，闻上去犹如青草的气息，伴随杀青温度的上升而挥发消失。另一种高沸点的香气物质，嗅之犹若花果的香味，借此显现出来。绿茶、黄茶、黑茶香气的生成，与杀青的关系疏密有别：绿茶是完全的托付，黄茶、黑茶是部分的仰仗。

春分刚过，天色放晴。浙江省杭州西湖风景名胜区，前往龙坞村的路上，家家户户炒茶忙。顺便探问："村里有人手工炒茶吗？"低头操持自家龙井炒茶机的中年男子不假思索："哪里还有手工炒茶呀？早都断子绝孙了。"回想龙井村的见闻，每家门口都支了口炒茶锅，为的只是引人注意罢了。拖着在龙井村不小心扭伤的脚一瘸一拐地走到龙坞村口，非物质文化遗产西湖龙井茶制作技艺代表性传承人樊生华先生拖着一条病腿迎了过来，如此见面气氛有些尴尬。回到家中，樊生华先生又坐回了炒茶锅前的方凳上。龙井茶的炒制，完全靠一双手在炒锅内完成，共有抓、抖、搭、拓、捺、推、扣、甩、磨、压十大手法，精妙无比。好奇询问："樊老师有收徒弟吗？"一句话打开了樊先生的话匣子："有想啊！我们杭州的一家报纸还帮我免费打了半个月的广告，问的人多，一听学到出师要十年八年，就没信儿了，结果一个都没收到。"看看樊先生打小落下病根儿的腿，心下猜想，当年腿脚利索的人都跑出去打工、做生意的时候，先生留在家里，守着一口炒茶锅苦练技艺，才有今日的

非物质文化遗产西湖龙井茶制作技艺代表性传承人
樊生华先生·手工炒青

好手艺。本想验证，话到嘴边却又咽下。福祸相倚，原本如此。

临近清明，天气晴好。江苏省苏州市吴中区东山镇，碧螺春炒茶大师石年雄先生正在家里准备炒茶。不喜欢天然气燃烧产生的异味，有赖于做家具厂的邻居帮衬，烧火用的木材不至于让人犯愁，才使得烧柴炒茶的传统做法得以保存。帮忙烧火的是先生的爱人，打下手的则是儿子，一家人分工协作，靠着炒茶过活。虽说是家庭作坊，却收拾得非常干净，炒茶锅擦得锃明瓦亮。石先生伸手试了下锅温，将称好分量的茶青入锅开始炒茶。青叶噼啪作响，石先生炒茶直接上手，连手套都不曾用。手不离茶，茶不离锅，就是靠着这一手绝技名闻乡里。杀青的温度高达280℃以上，叶温至少要达到78℃以上。唯此炒出的碧螺春茶才能达到"形美、色艳、味醇、香浓"四绝的品质特征。似这般对传统手工技艺近乎偏执的坚持，日渐稀少。石先生家的客厅里摆放着各种荣誉证

江苏苏州碧螺春十佳炒茶能手之一
石年雄先生·炒青

书，墙上挂了一幅字，上书："碧螺春世家"。传统的技艺正是依靠着血脉延续得以传承不息。

临近清明，天气阴沉。安徽省黄山市徽州区富溪乡，充头源茶叶合作社里热闹非凡。茶师们劈柴、生火，准备炒茶。自机械杀青普及后，久已不见这么红火的黄山毛峰手工炒茶景象了，许多乡亲来此围观看热闹。新砌的炒茶灶台，深嵌其中的是筒锅。还是按照以往的老习惯，为的就是原汁原味地保存祖辈留下的传统技艺。并排的三口锅，各有一位炒茶的师傅守着，灶台的后面专门有一个人负责烧火。炒茶师吴建平有时会喊上一嗓子："1号火大了，撤火。"烧火的师傅就把燃烧的木柴拖出来半截。另一位炒茶师吴顺明又叫："3号火小了，加火。"烧火的师傅就往灶膛里扔根柴火进去。配合默契是炒茶的保障。手起茶落，青叶在抖炒的过程中慢慢散发出自身的香味。这种素朴的手法留存了炒青茶诞生之初的技艺，蕴含了大道至简的法则。

谷雨过后，天气大好。安徽省六安市金寨县麻埠镇。行至齐云村口向人打听何亮城先生家的所在，有人接口说："茶王家呀！就在前面不远，路的对过就是。"普普通通的两层农家小楼，边上的一层平房里，一家人正在忙着炒瓜片。在城里工作的大儿子心疼父母，向单位请了假回家

安徽黄山毛峰·手工炒青

安徽六安瓜片·夫妻炒青

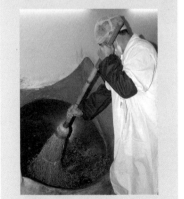
非物质文化遗产信阳毛尖茶制作技艺
代表性传承人周家军先生·手工炒青

来帮忙。儿子烧火，何先生夫妻炒茶。炒茶用的是高粱编的小茶把子，当地人口口相传都认为是从相邻的河南信阳学过来的。一锅投放的鲜叶不过二三两，二十锅才能炒出一斤干茶。正值炒制六安瓜片的高峰，一家人从早到晚忙个不停。守着炒茶锅，甚至都来不及擦去额头不住渗出的汗珠子。

　　清明过后，天气转好。河南省信阳市浉河区董家河镇车云山村老村长周家军忙得不亦乐乎。自青年时代起，他就以身负高超的信阳毛尖手工炒制技艺闻名一方，1990 年，他亲手炒制的信阳毛尖茶荣获了国家质量金奖，更是给他带来莫大的荣誉。手工炒制信阳毛尖茶用的竹制大茶把子，信阳人认定是从六安小茶把子演变过来的——一切都似乎在说明技术的相互促进从未停止。手工炒茶，一锅鲜叶投放量少不过半斤，多不过一斤半，一锅炒下来茶师无不累得汗流浃背，一晚上也炒不了多少锅。如今已经极少有人完全坚持手工炒茶了。手工炒茶技艺，伴随着传统农耕社会退却，正在逐渐成为远去的背影。

时过秋分，雨季已近尾声，天气时雨时晴。云南省西双版纳州勐腊县易武镇曼秀村，普洱茶老字号守兴昌传承人陈晓雷正在炒制谷花茶。炒茶的杀青锅设置在室内，烧火的柴灶放在了室外，避免了杀青时青叶沾染烟气。从平锅杀青到斜锅杀青，看似不起眼的细节，代表了近年来晒青毛茶杀青技艺的不断提升。一锅青叶足足有 6~8 公斤之多，带着手套的陈晓雷双手翻炒茶青，手法曼妙。细致与耐心的程度能够展现出炒茶师的素养。名山头古树原料普洱茶的火热，使得其承接起了名优绿茶手工炒制的衣钵。

时过小满，难得晴天。湖南省安化县马路镇云台山村云上茶叶一楼

云南守兴昌普洱茶制作技艺传承人陈晓雷先生·手工杀青

杀青车间内，工人们在忙着加工黑毛茶。青叶在二楼摊放，成熟度高的鲜叶缺乏水分，杀青之前要大量喷洒清水，这是一种独特的灌浆杀青技术。二楼的青叶通过管道直接输送到一楼杀青机入口，工人不断将青叶投入滚筒杀青机。杀青机的另一头，竹篓等着承接热气腾腾的杀青叶。干净整洁的车间，身着工装的工人们一刻不停地辛苦劳作着。赶上了黑茶市场升温的好年景，再苦再累，一切都是值得的。

时近清明，天气晴朗。浙江省平阳县朝阳山上天韵茶叶公司车间内，凌晨4点多钟，非物质文化遗产平阳黄汤制作技艺代表性传承人钟维标、兰爱辉夫妇就起床开始工作了。摊放了一整晚的茶青刚好到了杀青最好的节点，已经投入使用的全套自动化流水线，还在按照他们的要求不断进行改进。茶农历年养成的采摘习惯一时半会儿不容易改过来，收购进

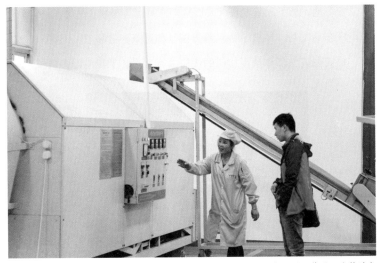

浙江平阳黄汤·滚筒杀青

厂的茶青大的大，小的小，并不完全合乎匀度一致的标准。凭借多年的经验，加上对机器大胆巧妙的利用，杀青之后的青叶达到了让人满意的程度。这一点，就连设计流水线的设计师都赞叹不已。短短几年的时间，从传统手工工艺到机械化加工，再到自动化流水线生产，平阳黄汤茶加工技术的演进，预示着黄茶加工未来的走向。

　　临近立夏，天气晴好。福建省武夷山市岩上茶科所初制车间内，非物质文化遗产武夷岩茶（大红袍）制作技艺代表性传承人刘国英先生在亲手示范手工锅炒杀青技艺。一锅鲜叶不过数斤，全部都用手工的话，辛苦程度可想而知。好在滚筒杀青机已广泛普及，使得青茶（乌龙茶）茶区内的茶农从中解脱出来。每到茶季，闽北武夷山、闽南安溪、广东潮安等地，加工武夷岩茶（大红袍）、闽南乌龙茶（铁观音）、广东乌龙茶（凤凰单丛）等青茶（乌龙茶）的茶农，无论黑夜或白天，都在从事相似的滚筒杀青工序。手工也好，机械

非物质文化遗产武夷岩茶（大红袍）制作技艺代表性
传承人刘国英先生·手工杀青

也罢，终究都是为了获得心仪的茶。

在过去三十多年的时间里，茶行业技术迭代的现象愈演愈烈。青茶、黑茶、黄茶、绿茶，从大宗茶反溯到名优茶，杀青工序正处于机械替代手工的进程中。无论我们愿意与否，这是一股几乎不可逆转的历史潮流，或许要不了太久，手工杀青工序将彻底退出历史舞台。而我们身处其间，见证了时代的变迁。

通用工序：揉捻为做形

茶的造型千姿百态，绿茶、黄茶、红茶、青茶、黑茶都经由揉捻被塑造出千变万化的形态。唯有白茶，不经揉捻，纯以天然造型示人。

饮食同源，揉捻，道出了它的身世——来自于饮食加工技艺。茶的造型精细或者粗犷，流露出的是它的出身，或高贵或平凡；展现的是人的审美，或高雅或世俗。

时近春分，艳阳高照。浙江省温州市永嘉县乌牛镇岭下村乌牛早茶的炒制遍及农户，四处可见。上个世纪80年代，采摘自早生种茶树良种乌牛早的幼嫩芽叶，依照龙井茶的工艺手工炒制成"乌牛早龙井茶"抢鲜上市，因早而贵。如今工艺依旧，茶名就叫乌牛早。又苦又累的手工炒茶，现在就只剩下了辉锅定型的工序沿用手工，因为只有这样做出的茶形才够漂亮。或许是龙井茶的品质和声名都足够大，似乌牛早般采用龙井茶炒制工艺的绿茶非常多见，只是后来都改作了其他名字。如龙形的安吉白茶、龙形的崂山绿茶、桐柏玉叶等等，一望可知。有人形容龙井茶的造型犹如西湖之上的一叶扁舟，想来定然是爱极了龙井茶的缘故吧！

正值清明，春暖花开。江苏省南京市雨花台，范方富先生带着女工们正在茶厂的车间内手工炒制雨花茶。出锅后的杀青叶，放到了操作台的竹席上，双手团揉犹如揉面团一样前前后后用力揉捻，待成形后再用双手对搓解散开来，防止结块。复又入锅，双手对搓，抓条甩条，形成挺直如针的造型。这与信阳毛尖运用反复抓条、甩条形成松针造型的工序有异曲同工之妙。不同的过程，相似的形状，呈现的都是松针般自然优美的造型。我们猜想，这或许是来自对身边自然事物观察后获得的灵感，松针形的茶，寄托了人们对其品格的期望。

临近清明，天气大好。江苏省宜兴市湖㳇镇，前往邵东村的路上，我问好友范群飞："你丈母娘怎么会炒茶的呀？""她老人家是东岭茶厂退休的炒茶技师呀！干了一辈子这个！退休了还闲不住，种了好几亩茶园。"说着就到了范群飞的岳母应红英老人家里。范群飞蹲在灶台前烧火，老人家就着锅炒茶。为了方便拍照，我爬到了窗台上。杀青完毕后，青叶被扫到了簸箕内。老人家抬头看看蹲在窗台上的我："小伙子，你要看什么茶？碧螺春还是阳羡雪芽？"大感惊奇之下连忙追问："有什么区别？"老人家抓起一把杀青叶，双手转圈对搓，茶条卷曲成螺形。"这个就是碧螺春。"然后又抓起一把，双手斜向对搓，茶条挺直。"这个就是雪芽。"手法的变化，让人联想到北方人手工做面食的手艺。多年来，一直心存迷惑，苏州与宜兴隔着太湖遥遥相望，何以茶形如此的不同？直到今朝方才解开谜团。老百姓的生活智慧，令人叹为观止。

浙江永嘉乌牛早茶·手工辉锅

江苏南京雨花茶·手工揉捻

江苏宜兴阳羡雪芽·手工揉捻

临近春分，天气晴好。四川省雅安市名山区蒙顶山智矩寺内，蒙顶甘露炒茶大师周启秀先生正在手工炒茶，吸引了众多游人围观。三次手工锅炒杀青，三次手工揉捻，每次揉捻都在竹筛上用双手团揉。最后入锅做形，反复抖散，双手相对搓团显毫。相较千里之外的苏州碧螺春茶，蒙顶甘露茶是在一口炒锅内直接手工锅炒杀青，揉捻做形，最后搓团显毫。同样卷曲形的名优绿茶，具体手法殊异，却又殊途同归。蒙顶山下蒙山茶叶交易市场内，人流熙熙攘攘，卷曲形的绿茶交易区，大量贩售的茶叶，全都经由机械加工而成，等待

四川雅安蒙顶甘露·手工揉捻

着被带往远方。

临近寒露，秋高气爽。福
建省安溪县感德镇，正值加工
铁观音秋茶的高峰。槐植村里，
家家户户忙制茶，远近传来的
都是机械的声响。杀青过后的
铁观音青叶用白棉布包裹起来，
外面再套上一层布套，先上速
包机包紧，再转到板式揉捻机
包揉。历经一次又一次的揉捻，
塑造成了今日铁观音近似球状
的外形。短短 30 多年的时间，
铁观音的揉捻工序从手工彻底
转向了机械，外形也从条索形
趋向球形。上世纪 80 年代之前
铁观音的标准样，今日只有老
茶厂尚且保存的有，可以清晰
地看到铁观音昔日的面貌。铁
观音外形的改变，无声地记录
了制茶工序巨变的当代茶史。

将近谷雨，雨过天晴。福
建省政和县星溪乡富美村的徐
春强先生正在忙着揉捻红茶。
看上去老旧的揉捻机依然勤勤

福建安溪铁观音·机械包揉

恳恳地奋力工作，机器上出厂时就带有铝制的毛主席语录标牌："农业的根本在于机械化。"俯身细看，出厂日期显示为 1973 年 3 月。徐先生笑着说："以前的机器就是好，几十年了都还能用。现在的机器，没用几年就坏了。"揉捻机摇头晃脑旋转揉捻工作的间歇，许是由于连日的劳累，徐先生坐在凳子上靠着墙壁睡着了。女儿显凤想要上前去叫醒父亲，但不忍心，又退了回来。做茶久了，茶师身体里像是安进去了一个闹钟，四十分钟之后，就在揉捻将要完成的时候，徐先生突然睁开了眼睛，起身去看揉捻叶，一切都刚刚好。

福建政和工夫红茶·机械揉捻

一个半世纪以前，英国的茶叶大盗罗伯特·福琼潜入中国茶区，盗走了茶树种苗，带走了制茶技术。自此后，依靠西方园艺学的技术支撑，英国控制下的印度茶叶种植园蓬勃发展起来。为解决手工制茶效率低下的问题，在率先完成工业革命的英国诞生了专用于红茶的揉捻机。直到上个世纪中叶以后，揉捻机才被引入中国，并被迅速应用到了红茶、绿茶、青茶、黄茶与黑茶各大茶类条索形茶的揉捻工序上，得到了最为普遍的应用。与此相应的是手工揉捻茶的工艺渐渐从制茶工艺中抽身而退。终有一日，那些富有年代沧桑感的老式揉捻机，会被送入博物馆，成为传统手工工艺向现代机械工艺转变的历史见证物。

通用工序：发酵为升华

"发酵"一词体现了汉语词汇的高度凝练，概括了众多茶类的制茶工序——白茶的堆积、红茶的渥红、黄茶的闷黄与黑茶的渥堆。直指本质，一语道破天机。或者利用酶促的作用，或者利用湿热的作用，或者利用微生物的作用，或者三者兼而有之，使茶达到理想的色、香、味的境界！

发酵，却又具有汉语模糊美学的特质。在发酵的名义下，每一类茶的发酵方法，各自精彩。技艺的锤炼，经验的累积，迸发出智慧的火花。

春分过后，细雨霏霏。福建省福鼎市管阳镇品品香河山白茶庄园，萎凋过后的白茶就静置在室内。木制地板上铺了一层白棉布，白棉布上堆积了15厘米厚的白茶。堆子大小各异，色泽深浅有别，显示出它们的品种与等级各不相同。非物质文化遗产福鼎白茶制作技艺代表性传承人林振传先生正在逐一细心查看。如果不注意，几乎不会知道，就是这看起来不起眼的工序，促使白茶正在悄悄进行轻微的发酵。堆积过程中，水分重新分布，带来了一系列奇妙的变化，白茶色泽转绿，青气消除，散发出特有的糖香。茶季里，福鼎、政和、松溪、建阳，不同的产地，

福建福鼎白茶·堆积发酵

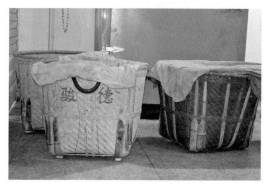

福建武夷红茶·自然发酵

浙江德清莫干黄芽·闷黄

相似的工序，同样都在进行。

时近立夏，细雨如丝。福建省武夷山市星村镇桐木村江墩自然村，非物质文化遗产正山小种红茶制作技艺代表性传承人梁骏德先生正在查看红茶的发酵情况。发酵室内，一个一个竹筐里面盛装的都是揉捻成条的青叶，上面盖着湿漉漉的白棉布。高山峡谷，溪水奔流，森林密布，桐木村有着红茶自然发酵得天独厚的条件，温度、湿度、富氧，一切仿佛都是专门为红茶的发酵准备好的一样。余下来的时间就是耐心地等待。历经一个晚上的发酵，第二天一觉醒来，就是发酵刚刚好完成的时候。相距武夷山不远，政和工夫红茶的茶师也在等待自然冷发酵的完成。而其他的红茶产区，就没有这样的好运气，需要借助发酵室来完成发酵工序。

时近清明，天气晴好。浙江省湖州市德清县，晚上的莫干山寒气袭人，正是莫干黄芽闷黄的关键节点，身为黄茶国标委专家的沈云鹤先生一点也不敢懈怠。时至今日，莫干黄芽的闷黄都依赖人工的操作方式，茶师的经验至关重要。竹焙笼下面罩着点燃的炭盆，揉捻后的黄芽用白棉布包裹起来，一个个放在焙笼上面，盖上盖，借助炭火的热量与揉捻叶自身的水分，黄芽的闷黄进展顺利。一次次地将布包从焙笼上提起来，捏着四个角轻轻抖动，使其分布均匀，重又放回焙笼上继续热闷。看起来琐碎无比、反反复复的动作，传承了前人的智慧，塑造了黄芽与众不同的风格。各个黄茶产区的茶师们，选择闷黄的时机早晚不同，或杀青后闷黄，或揉捻后闷黄，或干燥后闷黄。闷黄的次数多少有别，最终的追寻都是理想的黄茶。

时过小满，天气炎热。湖南省益阳市安化县仙溪乡，晚风拂面，暖意融融，山樟村里，非物质文化遗产四保贡茶制作技艺代表性传承人向远幸、向凤龙父子心里惦念着正在发酵的黑毛茶，不敢有丝毫的疏忽大

意。揉捻叶被堆积在一起，借助自然的温度、湿度进行发酵。自然条件的变化，无时无刻不在影响发酵的进程，人所能够做的就是耐心等待，有时一个晚上，有时一天一夜，只有等到黑毛茶散发出甜酒香，发酵才算大功告成。俯瞰黑茶产区，湖南安化、湖北赤壁、广西梧州、四川雅安，黑茶渥堆的方法各异，时间的长短有别，程度的深浅不同，但内在的原理并无本质的差异。

十数年来，脚步匆匆，遍访七大茶类代表性名茶，我们发现了茶的奥义！加工过程中并不发酵的普洱生茶，后期存放的过程可以自然发酵，自然条件下最耐储存。加工过程中有过发酵的白茶、黄茶、青茶、红茶与黑茶，都具有自然条件下长期存放的潜质。由此，茶的品质获得升华！

通用工序：干燥为储存

"干燥"一词形象生动，揭示了茶叶想要在自然条件下存放的本质。农耕社会的中国人惜物如金，历尽千辛万苦加工出来绿茶、白茶、红茶、青茶、黄茶与黑茶，又想尽一切干燥的方法，使其能够尽可能长久保存。古人选择的干燥方法来自于生活经验，天气好的时候，借助阳光日晒成为不二的选择；遇到糟糕的天气，柴火、炭火烘干就派上了用场。进入工业社会，各种各样的烘干机成了今日茶叶干燥的普遍选择。从农耕社会到工业社会，不同时期的干燥方法，反映出时代的特征。

时过春分，阳光酷烈。云南省西双版纳州勐海县格朗和乡，正值旱季，趁着大好的天气，家家户户晒茶忙。居高临下俯瞰哈尼族的半坡老

云南普洱晒青毛茶·日光房

寨，每家每户都建有阳光房，简陋的只是用竹竿搭个棚蒙上塑料布，讲究的人家则用不锈钢做骨架，然后用 PVC 材料搭建。地处热带的西双版纳州旱季、雨季分明，天有不测风云，南糯山被称作是气候转身的地方，雨来得快去得也快，有了阳光房，不用再时时担心茶被雨淋，晒青毛茶的品质有了保障。日光房的好坏透漏出主人家对待茶的态度，直奔日光房建得最好的一家，路上向村民打听主人的情况，来人惊奇地看着我们："那是我们半坡寨的茶王家哦！"

立夏已过，天气炎热。湖南省益阳市安化县马路镇，远远望去，马路茶厂升起袅袅青烟，正值七星灶烘干毛茶。看上去，七星灶与北方取暖的炕有异曲同工之妙。下面烧火，上面炕茶。安化的茶季，适逢阴雨连绵的梅雨季节，七星灶巧妙地规避了来自天气的不利影响。经由燃烧松柴烘干黑毛茶，茶在慢慢焙干的过程中，沾染了松烟的香味，赋予了黑毛茶独特的风格。不解内情的今人，误将柴火的烟气当作特色，松烟香味的黑毛茶反而不容易寻觅了。

将近立夏，时晴时雨。福建省武夷山市星村镇桐木村关坪自然村，青楼屋顶升起青烟，正值青楼焙干小种红茶。年轻的茶师陈威打开了一楼焙茶间，我忍不住好奇探身进去想要看个究竟，浓密的烟气呛得人眼泪直流，大声咳嗽着赶快退了出来，滑稽的表情惹得大家哈哈大笑。这样的工作环境，对人体的伤害极大，越来越少有人愿意从事这种工作。青楼地下一层，码的是整整齐齐的松柴，专为青楼萎凋青叶、焙干毛茶做燃料用。茶师们忍不住感叹："保护区设立之后，桐木村早就不许砍伐松树了，现在的松柴都是从周边买进的。早晚都不让砍了，小种红茶也就没有了。"听了让人有些惆怅，现在的人们在传统工艺与环境保护之间，面临两难的选择。

湖南安化黑毛茶·七星灶烘干

福建武夷山正山小种红茶·青楼

福建安溪铁观音·毛茶交易

　　时近寒露，天气晴朗。福建省安溪县感德镇槐植村内，毛茶已经进入了干燥的工序。铁观音行情火爆的那几年，带动了制茶机械化的发展，茶农的家庭作坊已经普及了烘干机。刚刚从烘干机出炉的铁观音毛茶来不及冷却，就被早就等候在此的人们拿来试泡。好茶总是太少，有了钟意的毛茶就要早早下手。前来收茶的林老太太，在这个闻名遐迩的茶王村里颇具声望，拿出一沓子厚厚的钞票递到茶农的手里，收获好茶的人与得到回馈的茶农，脸上都流露出幸福的笑容。

　　时近谷雨，昼暖夜寒。安徽省六安市金寨县麻埠镇，依山傍水的齐云村夜晚寒气逼人。凌晨四点钟，顶着满天星斗前去何亮城师傅家，六安瓜片拉老火马上就要开始了。室内灯火通明，火盆里的木炭早就生着了，窜起来尺把高的火苗，照得每个人的脸庞都红彤彤的，稍微靠近炭火一点儿会觉得热浪袭人，退后两步背上立马感受到习习冷气。一家人挥汗如雨，正在忙着焙茶。两个人抬起竹焙笼放在炽热的炭火上，

安徽六安瓜片·拉老火

迅即转身换手将焙笼从火盆上提下来，复又将焙笼上的茶叶重新铺设均匀，继续重复前面的动作。上上下下，一道拉老火工序下来总要反复一百八十多次。宛若火尖上的舞蹈，展现出精绝的焙火艺术。闲来询问何师傅："愿意让孩子接班吗？"回答斩钉截铁："不愿意！你看看我这腿，都害了风湿。"闻之令人黯然神伤，茶师处境艰苦少有人知。

　　清明刚过，天气日暖。河南省信阳市浉河区浉河港乡，半山峡谷里的黑龙潭水静静流淌。位于大山之巅的黑龙潭村，国家级非物质文化遗产信阳毛尖茶制作技艺代表性传承人周祖宏先生正在焙茶。收拾得干净整洁的焙茶间，专设的焙茶灶，点燃的无烟木炭上敷了一层炭灰，伸手试温，掌心感到温热。竹编的焙笼中间隆起，薄薄地均匀敷设了一层茶叶，文火慢焙慢慢香，手法娴熟精细，只有耐心等待，才会有令人欣喜的收获。

时近清明，春暖花开。浙江省湖州市德清县，莫干山下，夜静山幽，莫干黄芽传统技艺传承人沈云鹤先生正与茶师一起焙茶。炭火焙茶最考验茶师的手艺与经验，铁盆里生着的炭火，容不得有稍许的烟气。焙笼的竹匾上铺了一层白棉布，防止断碎的芽尖透过缝隙落入火盆。翻焙的时候连茶带棉布一起提起，轻轻抖动使茶受热均匀。每个茶师都有自己的技巧与心得，通过躬身垂范口传身授，技艺得以传承不息。

时近清明，淫雨霏霏。福建省福鼎市点头镇，国家级非物质文化遗产福鼎白茶制作技艺代表性传承人梅相靖先生正在祖屋内焙茶。只见他先在炭盆内生火，木炭引燃之后，用火钳一点一点将未燃尽的细小木枝都逐一拣了出来，为的是防止被炭火引燃升起烟气进入茶中，这是白茶的大忌。他一次次将茶连同竹匾从焙笼上取下来，重新敷设茶叶，为的

河南信阳毛尖·文火烘焙

浙江德清莫干黄芽·炭火烘焙

福建福鼎白茶·炭火烘焙

是让茶叶受热均匀。焙干之后的白牡丹倒入簸箕里，上了年纪的梅先生不复年轻时身手灵活，簸茶的时候几根茶飞了出去，惜物爱茶的老人家弯腰捡起来放在一边，打算留作自己喝。生活在物质丰富时代的人们，少有懂得茶的得来有多么不易。

日晒干燥、松柴明火干燥、炭火烘干、锅炒炒干，传统农耕时代的干燥方法体现了古人高超的智慧，成为承载传统制茶技艺的载体。进入工业社会，机械化烘干设备的应用提高了效率，把人从辛苦的体力劳动中不断解脱出来。

干燥过后，意味着初制工艺的完成。绿茶、白茶、红茶、青茶、黄茶与黑茶，呈现出茶叶初始的面貌，它们都被称作毛茶。

第四章 匠心制茶：精制工艺

读懂中国茶

名优茶，原料好，初制工艺水平高，毛茶已现品质优异，复经精制，追求精益求精。大宗茶，原料普通，工艺一般，经由精制品质大幅提升。

通用工序：拣剔为洁净

拣剔，是为了拣选区分等级，剔除非茶类夹杂物，这是绿茶、白茶、青茶、红茶、黄茶与黑茶等所有茶类的毛茶最为要紧的精制工序。

时近清明，天气晴好。河南省信阳市浉河区，五云茶叶公司车间内，工人们正在忙着手工拣剔信阳毛尖。他们身穿工作服，头戴工作帽，脸戴口罩，手里的工具就是医用的不锈钢镊子。似这般幼嫩的名优绿茶，时至今日仍然依赖手工拣剔。左手指将毛茶拨至面前，细细分辨，右手用镊子把粗老叶片、竹茶把子炒茶时断入茶中的竹枝一点点挑出来。最

河南信阳毛尖·手工拣剔

好的毛尖，则是一根根挑选出来的茶芽。既要眼明手快，又要足够细心、有耐性。胜任这种工作的通常是女性。所有采摘幼嫩茶芽加工出来的名优茶，都经过相同或者相似的手工拣剔。不同的产地，相同的工序，熟悉的场景，年复一年地重复上演。

时近谷雨，雨后初晴。福建省政和县铁山镇瑞茗茶业的院内，工人们正在拣剔白牡丹。头戴遮阳帽，身穿棉大褂，上了年纪的阿婆们捡起茶来又快又好。非物质文化遗产政和白茶制作技艺代表性传承人余步贵先生好容易有了点空闲过来查看。他顺手拖了把凳子过来，和大家一起挑茶，拉拉家常，聊聊收成。春日的阳光洒落在身上，暖意融融。

福建政和白茶·手工拣剔

　　时值寒露，天气炎热。福建省安溪县芦田镇，三洋村的一家茶厂内，工人们都在忙碌地拣剔铁观音毛茶。一个四五岁模样的小姑娘，也学妈妈的样子来拣茶。圆圆的小脸，胖乎乎的小手，时不时还吸溜一下鼻涕，捡起茶来有模有样：掰掉茶梗，把黄片拣出来丢掉，留下圆滚滚的茶。无心之失，随口一句："茶农的孩子会拣茶。"意外地触怒了年轻的妈妈："城里的孩子也会拣茶！"连忙向人道歉："您误会了，我也是农村长大的孩子，农活也是会干的。"看起来，年轻的妈妈仍然是余怒未消，知趣地起身离去。曾几何时起，劳动最光荣不再有人提起，这是否是另一种悲哀呢？

　　绿茶、白茶、黄茶、红茶、青茶与黑茶，名优茶也好，大宗茶也罢，过去都是依靠手工拣剔，随着社会的发展，人力成本不断推高，而今越来越多地被机械筛选工序替代。手工，与农业社会相伴相随，正离现代人的生活渐行渐远。

通用工序：拼配为求稳

　　茶叶，但求品质最好，或者只求个性风格，是部分人的极致追求，更多人期望的是茶的品质稳定。年景好坏、初制工艺，太多超出人为控制范围以外的因素，想要茶的品质稳定在同样的水平线上，并不是一件容易的事。拼配，成为稳定茶叶品质的最优选择。

　　时过清明，天气晴好。安徽省黄山市徽州区富溪乡，光明村老谢家茶业人来人往热闹非凡。国家级非物质文化遗产黄山毛峰茶制作技艺代表性传承人谢四十先生不在，他是当地公认炒茶水平最高的大师。谢先生的小儿子谢峰拿出来九款茶摆在审评台上，全都是新近炒制出来的春茶。若非当场比对很难辨别高下，每一款茶的差异都微乎其微，全都是上好的明前高档茶。每一款茶的数量都不多，接下来要做的就是将它们进行拼配，保证今年批量上市供应的茶品质稳定。谢峰叹了口气："今年前期的气温太低,后期气温升得太快,茶比往年还是稍微差了那么一点点。"

安徽黄山毛峰·拼配

　　时近小满，天气炎热。福建省武夷山市，春茶已近尾声。北斗茶科所内，国家级非物质文化遗产武夷岩茶（大红袍）制作技艺代表性传承人陈德华先生忆及当年拼配大红袍的初心：人们感叹六株母树大红袍可望而不可即，所以将源自母树大红袍的奇丹与肉桂、水仙、名丛等进行了拼配，赢得交口称赞。之后选用各个品类拼配大红袍成为了武夷岩茶的主流，甚至许多人非常珍视自家的配方密不外传。

马哲峰与国家级非物质文化遗产武夷岩茶（大红袍）制作技艺代表性传承人陈德华先生（右一）合影

绿茶、白茶、红茶、青茶、黄茶与黑茶，每一类茶的拼配都有自身的特点，不变的是对品质稳定的共同追求，这是制茶师傅们的初心。

特有工序：发酵为升华

发酵是黑茶工艺中的精髓。发酵是界定茶叶是否属于黑茶的工序。未经发酵的晒青毛茶归属于绿茶类，经由精制工艺中的发酵工序转变为黑茶类。初制工艺中有过发酵工序的藏毛茶、青毛茶、黑毛茶与六堡毛茶品质初具，经由精制工艺中再度的发酵工序，品质得以升华。

元旦刚过，天气大好。云南西双版纳州勐海县，正值旱季，守兴昌普洱茶发酵车间内，工人们正在热火朝天地工作，历经 20 天发酵的普洱茶正值翻堆的工序。热气腾腾的发酵堆，耙子、木锹都派上了用场。经守兴昌掌门人陈晓雷先生的特许，我第一次得以近距离接触普洱茶发酵。普洱茶的发酵工艺自 20 世纪 70 年代诞生以来，一直都保持着神秘的色彩，不为外人所知。位列国家二级商业机密的普洱发酵工序至今并未解密。普洱茶厂大都在发酵车间的大门上刷上标语：商业机密，谢绝参观！

云南守兴昌普洱熟茶发酵·翻堆

福建福州茉莉花·采摘

云南普洱茶（熟茶）、四川雅安藏茶（南路边茶）、湖北赤壁青砖茶、湖南安化黑茶、广西梧州六堡茶，其发酵车间或者以商业机密，或者以非物质文化遗产项目保护技艺为由，均谢绝外人参观。渥堆发酵、蒸气发酵，黑茶的发酵方法殊异，程度深浅有别，但本质上都是在湿热环境下，经由酶促与微生物的共同作用，形成各自与众不同的风格。

特有工序：窨花为求香

窨花是花茶独有的工序。绿茶、白茶、青茶、红茶、黄茶与黑茶都可以作为茶坯，经由鲜花的窨制，成为香味芬芳诱人的花茶。千百年的实践积累下来的宝

福建福州茉莉花茶·窨花

国家级非物质文化遗产福州茉莉花茶窨制工艺代表性传承人陈成忠先生·伺花

福州茉莉花茶·筛花

贵经验，烘青绿茶与茉莉花最为相宜，窨制出的茉莉花茶有着这世间人相称颂的曼妙香味。

时近大暑，艳阳似火。福建省福州市闽江入海口，一年当中最热的酷暑三伏天，正值茉莉花上市的高峰期，花田里的花农头顶炎炎烈日正在采摘茉莉花蕾，脸庞晒得通红，汗水浸透了衣衫，却一刻也不曾停下手中的活计。尚未成熟的青蕾、已经开放无用的白花都被留在枝头。采下花冠与花萼分离、饱满、洁白的成熟花蕾，随手投入身背的网兜。唯有大中午头采下的成熟茉莉花蕾品质优异，最令茶师心仪。

晚饭过后，国家级非物质文化遗产福州茉莉花茶制作技艺代表性传承人陈成忠先生等来了预定好的茉莉。花蕾被反复堆成堆复又摊开，这个过程叫做伺花。待到多数茉莉花蕾逐渐开放形如虎爪之时开始筛花——将采摘时混入花蕾中的青蕾、白花筛掉弃之不用。手工将茉莉花蕾与茶坯拌匀形成窨堆，茶开始无声地吸纳逐渐绽放的茉莉花蕾吐露出的芬芳。午夜过后翻堆散热，继续等待茶吸花香。伴随黎明的到来，完全绽放吐香后的花蕾完成了使命，手工过筛将茶与花分离。茶在吸纳花香的过程中吸收了水分，需要复经干燥。这样的一个过程称之为一窨。摊凉后的茶，将等待一次又一次窨花，普通的福州茉莉花茶要窨花四次，最好的福州茉莉花茶要窨花九次。无数个这样的夜晚，陈先生都是在窨花中度过的。年复一年，大半生的时光都交付给了这茉莉花茶。

春天、夏天到秋天，云南元江、四川犍为、广西横县、福建福州，次第开花的茉莉与茶相遇，经由茶师的双手，化作这香满人间的茉莉花茶。

通用工序：紧压为运输

绿茶、白茶、红茶、青茶、黄茶与黑茶，经由初制工序呈现出来的都是散茶的形态。农耕社会借助工具将散茶紧压成型的技艺纷纷入选非

非物质文化遗产普洱团茶制作技艺代表性传承人阮仕林先生（左一）

云南普洱团茶（女儿茶）　　云南普洱金瓜贡茶（一）　　云南普洱金瓜贡茶（二）

物质文化遗产保护名录。现代社会，工业化的机械被应用到了散茶紧压成型的工序。紧压的初心或许仅仅是为了压缩体积方便运输，相伴相生的是出人意料的功效，并承载了厚重的文化意蕴。

　　云南省普洱市博物馆，隔着展柜的玻璃长久凝视着馒头形的女儿茶。这是伴随思茅市更名普洱市同步落成的博物馆新展厅的珍藏，来自清宫旧藏的文物，连附带的故宫博物院的标签也保存完好。相隔数百公里之外，位于澜沧江畔的临沧市临翔区邦东乡昔归村，非物质文化遗产普洱团茶制作技艺代表性传承人阮仕林先生刚刚放下手中的活计，簸箕里揉制好的普洱团茶正在等待晾干。普洱团茶在民间被称作"姑娘茶"，与上贡宫廷的女儿茶一脉同源。

　　与临沧市同属滇西区域的大理州，下关沱茶博物馆里，展柜里专门展示了一个姑娘团茶的复制品，它是沱茶的原型。如今，下关沱茶技艺已经列入国家级非物质文化遗产保护名录，在下关沱茶博物馆专门辟有场地，供国家级非物质文化遗产下关沱茶制作技艺代表性传承人李家兴先生展示传统沱茶的压制技艺。李家兴先生分别称取好细嫩的盖茶与粗老的里茶，投入铁桶中用热蒸气蒸制变软，然后投入布袋，再手工将其揉制成窝窝头的形态，接下来放入压茶凳上的磨具内，利用杠杆原理压制成型，晾干后包装即告完成。紧邻下关沱茶博物馆就是下关茶厂的车间，

大批量压制成型的沱茶都是人工操作机械来完成的。车间内分组不同，另外专门有负责压制心形紧茶的小组，全部都是利用机械压制成型，已经看不到传统手工压制工艺了。从女儿茶、姑娘茶的馒头形态，到窝窝头形的沱茶，心形（亦名香菇形）的紧茶，形态的演化记录了社会的变迁。

云南省西双版纳州勐腊县易武镇，落水洞村民高阳家里，至今还保存着一个压制普洱茶用的石制模具，据称距今已经有 200 多年的历史，常常被人借去做模板复制新的压茶石模，以至于不小心磕了一个豁口。距此地两百多公里以外的普洱市宁洱县城，政府专门在县级文物保护单位文昌宫内设立了普洱茶（贡茶）制作技艺传习所，供非物质文化遗产普洱贡茶制作技艺代表性传承人李兴昌先生教授学徒之用。李兴昌先生将称好重量的晒青毛茶上笼蒸软，装入布袋后手工揉制成圆饼形，放置在木板上，压上石模，脚踩定型。李先生亲身示范，扭腰、摆臀，保持身体平衡之余，还要使茶饼受力均匀，这样定型后的茶形态才够美观。它有一个好听的名字，叫作元宝茶，更多的人则习惯称其为圆茶或者七子饼茶。有清一代，上贡皇帝的普洱贡茶，最富文化意味的是人头贡茶。

普洱市博物馆里典藏的清宫旧藏称为万寿龙团，形如橄榄球状。杭州中国农业科学院茶叶研究所接收有故宫博物院典藏的普洱金瓜贡茶。李兴昌先生所制贡茶与其形态神似，他将贡茶制作技艺传承至今。

　　陕西省咸阳市泾渭茯茶厂内立有一块石碑，刻有"茯茶之源"四个大字，落款是施兆鹏先生。旁边有一个青砖灰瓦的小院，名为益生源记茯茶作坊。每天，这里都在上演着手工筑制茯砖茶的场景。称取发酵好的黑毛茶，用热蒸气蒸软，倒入套有纸袋的木制模具，用杵筑制成封，一块块手工筑制好的茯砖茶被送去发花。若非是周边林立的高楼大厦，这一幕仿佛还停留在过往的时光里。相隔千里之外，湖南省益阳市安化县梅城茶厂内，日复一日，手工筑制茯砖茶的工作每天都在重复上演。长达300多年的时期内，陕西省咸阳市泾阳县一直占据着茯砖茶传统手工筑制技艺的核心地位，直到1953年以后才辗转传至湖南省益阳市安化县。1958年以后，机械压制茯砖茶的技艺在安化诞生，取代手工筑制茯砖茶的技艺，成为普遍采用的工艺。半个多世纪以后，人们重新认识到了传统手工筑制茯砖茶技艺中蕴含的丰厚价值，重拾前人流传下来

湖南安化梅城茶厂·手工筑制茯砖茶

湖南安化连心岭茶厂·千两茶压制

的技艺，再度开始手工筑制茯砖茶。从陕西泾阳到湖南安化，从手工技艺到机械工艺，从起点到终点，周而复始，重新开始了又一个轮回。

　　湖南省益阳市安化县梅城镇，时近寒露，连心岭茶厂内，凌晨四点多钟，师傅们已经吃罢早餐，准备开始踩制千两茶了。一支千两茶用的原料按老秤重一千两，约合现在 73 市斤。将称量好重量的黑毛茶上笼蒸制，竹蔑篓内先垫上一层棕垫，然后再垫上一层蓼叶作内衬。蒸软的黑毛茶趁热灌入竹篾篓，边灌边用杵下力杵紧。灌篓结束之际，放入一个竹编的牛笼嘴封口。接下来利用杠杆原理杠压紧形，反复用大木杠将内装茶叶的竹蔑篓压紧，复用绞杠绞、用脚踩。茶师们伴随着大声呼喊的号子拼尽全力，一个个汗如雨下。反反复复的工序，直到将原本胖乎乎圆滚滚的松抛外形紧压成金箍棒般圆润紧致的模样，方告初步完工。放置冷却定型，然后松箍、杀篾、锁扣、标记日期。最后送去干燥。一直干到上午十点钟，茶师们已经精疲力竭，一天踩制千两茶的工作才算宣告结束。这样的习俗，从千两茶诞生至今，已历 200 余年。

数年之前，机缘巧合，在安化访茶的过程中，我先后拜访了国家级非物质文化遗产千两茶制作技艺的两位代表性传承人刘向瑞先生、李华堂先生。2016 年，远方传来令人悲伤的消息，两位先生相继离世。不过，让人欣慰的是，千两茶的制作技艺已经遍地开花，得以代代传承。

方非一式、圆不一相的紧团茶，自明代中叶以降逐渐让位于散茶，仅仅在销往边疆地区以及海外的黑茶类中保留了紧压成型的工序。而今，黑茶、黄茶、青茶、红茶、白茶与绿茶，纷纷重拾往昔紧团茶时代茶叶的紧压成型工序，这或许意味着它们将再度开启昔日的辉煌。

特有工序：发花为保健

发花，始于茯砖茶，源于陕西泾阳。农耕时代，不辞劳苦的陕商将安化的黑毛茶千里迢迢运至泾阳，筑制成泾阳砖茶运销西北。从无心无意的偶然诞生，到有心有意的加工工艺，发花成为茯砖茶独有的特色。泾河，茯砖茶的母亲河；泾阳，茯砖茶的原乡；发花技艺，300 余年在泾阳一脉传承。直到 1953 年以后回传至湖南安化，千禧年以后重又传回陕西泾阳。如今，茯砖茶的制作技艺在陕西被列入省级非物质文化遗产保护名录，在湖南已经上报并入选国家级非物质文化遗产保护名录。从故乡到远方，伴随人的迁移，技术从未停止过流动。

湖南省益阳市安化县梅城镇，连心岭茶厂，安化黑茶制茶工艺大师吴高良先生破例带领我们进入了发花车间。这里是禁止外人涉足的领地。架子上密密麻麻摆放的都是等待发花的茯砖茶，墙上悬挂着温湿度计，还有专门的记录本用来记录温度、湿度的变化。暖气管道、排风扇用来调节温度与湿度。在合适的温度与湿度条件下，茯砖茶的内部滋生了一

湖南安化黑茶制茶工艺大师吴高良先生（左二）

湖南安化茯砖茶·发花车间

湖南安化茯砖茶·金花

种有益的微生物——冠突散囊菌，呈现出金灿灿的色泽，因此其亦名金花。从利用自然条件到人为技术掌控，大师们淬炼出了炉火纯青的高超技艺，益养世人的身心。

黑茶、黄茶、青茶、红茶、白茶与绿茶，而今纷纷借鉴茯砖茶的发花技艺。从一种茶到多种茶，从一类茶到所有的茶类，发花技艺的扩展再度演示了制茶技艺之间从未停止过的相互借鉴与流动！

通用工序：干燥为贮存

绿茶、白茶、红茶、青茶、黄茶与黑茶的毛茶，只要或多或少经过精制工艺中拣剔、拼配、发酵、窨花、紧压与发花的工序，最后都需要干燥，以利长期储存。

福建省武夷山市，时近大暑，七月流火，茶季结束之后，武夷岩茶迎来漫长的焙茶期。焙茶间内，转圈一溜儿十多个焙茶用的竹筐。专用的测温仪对着焙茶筐一照，显示温度为218℃，热浪袭人。只要一进入焙茶间，瞬间就汗如雨下，衣服沾身即被汗水浸透，让人再顾不上形象。周华师傅穿着大裤衩，光着膀子，脖子上搭着一条毛巾，正忙着焙茶。他手脚不停，嘴也不闲着："你可赶快出去吧！我都闻着你身上散发出熟肉味了！"任是再辛苦的工作，茶师们都有一个乐活的好心态。

湖南省益阳市安化县江南，安化茶厂内，专设的阳光房，用来晾晒千两茶。踩制好的千两茶经过日晒、夜露、风吹，历经七七四十九天，在自然条件的催化下，自行发酵、慢慢干燥。自然总是给予耐心等候

福建武夷岩茶·炭火烘焙

湖南安化千两茶·日晒干燥

的人们最好的回馈。

近年来，每逢茶季，慕名前往茶乡的人们愈发多了起来，既能饱览美景，又能寻茶问源，怀有美好心愿的人，总有或多或少的收获。这对以茶为业的人来说，却是一种奢望，他们全部的心思都放在茶上。俗谚："外行看热闹，内行看门道。"门里门外，看似一样的景象，却有不一样的领悟。行人的眼中，制茶，入眼是风景，只道是寻常；茶人的心中，问茶有诀窍，制茶有心法。每一道工序，都可以看出制茶人的态度认真与否。经验的累积，技艺的提升，决定了掌握诀窍与心法的境界，也意味着茶品质的高下之分。向左走，向右走，制茶人决定了茶的命运，或走向名优，或流于平常。

第五章

——读懂中国·茶·——

藏茶成珍

云南大理感通禅寺

饮茶的风尚，有人贵新，有人贵老，各有所取，得遇知己，满心欢心。茶，新的好；茶，老的亦好。盛世风尚，藏茶成珍。从新茶到老茶，与人相守相伴，一生中这最美好的时光，都付诸这似水年华。

老茶源流

自唐以降，饮茶的风尚历来崇尚鲜美的新茶。四季轮回，世间最是留不住，新茶的滋味，时光的脚步。远溯明代，饮茶风尚推崇的是陈年的老茶。岁月匆匆，天地有大美而不言，老茶的滋味，时间的重量。

七彩云南，倡老茶风尚之先。明嘉靖四十二年（1563 年）云南大理白族进士李元阳编纂的《大理府志》载曰："点苍茶树，高二丈，性味不减阳羡，藏之年久，味愈胜也。"我们猜想，或许源于李元阳自身的经历——经受过本民族文化的熏陶，复经正统的儒学教育，文化的碰撞催生了深刻而又独特的新观念。"自从陆羽生人间，人间相学事春茶。"

云南大理感通禅寺古茶树

北宋著名诗人梅尧臣《次韵和永叔尝新茶杂言》一诗的开篇两句，赞颂了陆羽倡导举世饮茶的开创之功。相隔数百年之后，李元阳开创了世间饮用老茶的风尚。

明末清初，徐霞客入滇游历，在其所著《徐霞客游记·滇游日记》中留下感通茶的记述："中庭院外，乔松修竹，间以茶树。树高皆三四丈，绝与桂相似，时方采摘，无不架梯升树者。茶味颇佳，炒而复爆，不免黝黑。"将近四百年之后，循着前人的足迹来到大理寻茶。面朝洱海的苍山，如今已经是国家地质公园。从半山开始沿着步道拾级而上，感通禅寺就位于密林深处。步入感通禅寺院内，徐霞客笔下描述的情形依然如故，月亮门内的古茶树依旧郁郁苍苍，相邻的还有千年的桂花树。茶树上挂有"大理古树名木"的标牌，标明树龄为 600 年左右。用双手抚摸古茶树苍劲的躯干，遥想当年徐霞客是否也曾这般与古茶树亲密接触？树自不语，唯有微风掠过树梢轻轻摇曳。当年徐霞客所记感通茶，有着与如今大树晒青毛茶一般无二的采摘方法与炒制技艺，还有美好的滋味。经年存放之后，仍然可以品尝出李元阳所赞赏的殊胜滋味。

自清康熙年间始，云南宝洪茶声名鹊起，直到民国年间，声望颇为响亮。民国六年（1917 年）马标、杨中润编纂的《路南县志》载："宝洪茶，产北区宝洪山附近一带，其山宜良、路南各有分界。藏之越久越佳，回民最嗜。"宝洪茶"藏之越久越佳"与感通茶"藏之年久，味愈胜也"的特征一脉相承。

民国十年（1921 年）王槐荣、许实编纂的《宜良县志》载：

云南宜良宝洪山古茶树

"宝洪茶，产城北十五里宝洪山，树高三四尺，丛生。惊蛰后发白色嫩芽，采取焙而揉之，曝干收贮，味香烈异常。"而今，在云南省宜良县城西北5公里外的宝洪寺尚有遗迹。山因寺名，寺因茶名，寺院后有两株古茶树，见证了其悠久的历史。乔木型的感通茶与灌木型的宝洪茶，一脉相承的都是晒青毛茶的工艺，所以才会有久藏愈佳的共同特点。

令人叹息的是，囿于对自身认识的不足，民国二十七年（1938年）宝洪茶改用了炒青绿茶中龙井茶的工艺。而在1958年，感通茶改用了烘青绿茶的工艺。经由炒青绿茶、烘青绿茶高温杀青的工艺，宝洪茶、感通茶走上了追寻新鲜自然的名优绿茶之路，由此再不复以往久藏愈佳的风格。

云南访茶，在普洱市结识了茶文化学者杨中跃老师，忆及过往，他颇为感慨："上世纪90年代往前，每逢春茶上市的时节，学校开展课外劳动。老师带领学生，女生采茶，男生炒茶，晒干了每人发两筒。第二年新茶发下来，头一年没喝完的就扔掉了！"杨老师的亲身经历，侧面佐证了文献的记述，即便是仍然保存了晒青茶的工艺，也将其视同绿茶，一度遗忘了其旧有的久藏愈佳的品质风格。

敬昌号古董茶茶汤

晒青毛茶制成的普洱茶又会有怎样的经历呢？我怀揣满腹疑惑开始追寻普洱老茶的线索。

《云南省文史资料选辑》刊载的文章记述了原敬昌号老板马祯祥的回忆录："抗战时期，行销国内的主要是新春茶，而行销我国香港和越南的多是陈茶，就是制好后存放几年的茶。存放时间越长，味道也就越浓越香，有的茶甚至存放二三十年之久。陈茶最能解渴而且发散。香港、越南、马来亚一带气候炎热，华侨工人下班后，常到茶楼喝一两杯茶，吃吃点心，这种茶只要喝一两杯就能解渴。"这一段记述非常珍贵，可以确定，早在20世纪中叶以前，中国香港以及东南亚地区的华侨就有饮用普洱老茶的习俗。

《云南省茶叶进出口公司志》记载："历史上，普洱茶的后期发酵（或称后熟作用、陈化作用）是在长期储运过程中逐步完成其多酚类化

合物的酶性和非酶性氧化而形成普洱茶特有的色香味的品质风格的，有越陈越香的特点。"该志中还记录了香港客商的抱怨：有的茶陈化不够。这说明在 20 世纪中叶以后，香港地区饮用老茶的习俗沿袭了下来，已经有了越陈越香的理念。

　　自明以降，数百年之后，李元阳、徐霞客终于迎来了隔代知音。出生于马来西亚，后来任教于台湾师范大学的邓时海教授，2016 年来到郑州作普洱茶专题讲座。邓先生非常风趣："我今年 75 岁，在妈妈肚子里就开始喝普洱茶，今年有 76 年的茶龄。"他从小耳濡目染，后来到云南游历，整理了文献资料，融入了自身的经历，1995 年在台湾出版了《普洱茶》一书。远绍徐霞客的记述，访寻乔木茶树鲜叶，炒而复爆之后，制成普洱生茶，自创干仓存放的方式，终至于上承李元阳所倡："藏之年久，味愈胜也。"其书风行天下闻，广为世人所知。2005 年邓时海、耿建兴合著《普洱茶续》一书，所倡"喝熟茶、藏生茶、品老茶"的观念为世人普遍接受，引领了新的风尚。

始于明代，历经清代，直至民国时期，感通茶、宝洪茶代代承袭了晒青茶久藏愈佳的风尚。直到新中国成立以后，受到名优绿茶崇尚新茶思维的影响，乃至于湮没无闻。幸运的是，早在民国时期，晒青茶制成的普洱茶就已经远销中国香港及东南亚地区，并以其越陈越香的特点深受人们的青睐。老茶的风尚得以另一种面貌流布开来。从一种民间习俗上升为官方的认可，经历了漫长的过程。

云南省质量技术监督局 2003 年发布实施的云南省地方标准 DB/T103—2003《普洱茶》规定：普洱茶是以云南省一定区域内的云南大叶种晒青毛茶为原料，经过后发酵加工成的散茶和紧压茶。其外形色泽褐红，内质汤色红浓明亮，香气独特陈香，滋味醇厚回甘，叶底褐红。普洱茶在适宜的条件下可以长期保存。

在追溯普洱茶源流的过程中，我获知了这个标准的存在，多方打听之后，得知标准由苏芳华老师等人起草。我立即同苏老师联系，希望能获得这个标准的复印件。由于已时隔十多年，

与苏芳华先生（右五）合影

对于这件事情我并没有抱很大的希望，结果出乎意料，苏老师寄来了原件，并附亲笔书信一封，解释因为事物繁忙所以寄得迟了，这样的大家风范让人深为感佩。经过仔细阅读发现，这个标准中的普洱茶专指普洱熟茶，并特意申明可以长期保存。这在当时引起了非常大的争议。直到过了很久以后，才懂得苏老师的仁人用心：日常饮用还是应该以熟茶为主，熟茶同样可以长期存放。

中华人民共和国农业部 2004 年发布实施的农业行业标准 NY/T 779—2004《普洱茶》规定：以云南大叶种晒青毛茶（俗称"滇青"）

经熟成再加工和压制成型的各种普洱散茶、普洱压制茶、普洱袋泡茶。

熟成是指云南大叶种晒青毛茶及其压制茶在良好储藏条件下长期贮存（10年以上）或云南大叶种晒青毛茶经人工渥堆发酵，使茶多酚等生化成分经氧化聚合水解等一系列生化反应，最终形成普洱茶特定品质的加工工序。

仔细研读这个标准可以知道：晒青毛茶经过发酵后的熟茶被定性为普洱茶，由晒青毛茶精制成的生茶，则必须贮存10年以上才能被定性为普洱茶。这是由原西南农大刘勤晋教授等人起草的标准。2015年，在福建武夷山参加教育部高等学校教学指导委员会茶学学科组会议期间，我见到了退休后受聘于武夷学院继续任教的刘教授。正值暑期，满头大汗的刘教授前胸后背都被汗水浸透，但他仍然兴高采烈地带领大家参观学院。据

马哲峰与刘勤晋教授（右一）合影

说当年刘教授等人起草的标准有人持不同意见："刘教授，生茶要存10年以上才算普洱茶，那要是差一天呢？"刘教授答复："必须得过了那一晚！"听见的人无不莞尔。很想当面向刘教授求证这个事情是否属实？看到老人家这么大年纪了，还在为茶学教育事业操劳，心有不忍，终于未能说出口。我个人的看法是，生茶虽好，不可贪杯，真想喝的话，存10年以上的生茶会更好。

云南省质量技术监督局2006年发布实施的云南省地方标准DB53/103—2006《普洱茶综合标准》规定：普洱茶是云南特有的地理标志产品，以符合普洱茶产地环境条件的云南大叶种晒青茶为原料，按特定的加工工艺生产，具有独特品质特征的茶叶。普洱茶分为普洱茶（生茶）与普洱茶（熟茶）。普洱茶在适宜的条件下可以长期保存。

中华人民共和国国家质量监督检验检疫总局2008年发布实施的国家标准GB/T 22111—2008《地理标志产品 普洱茶》规定：普洱茶是以地理标志保护范围内的云南大叶种晒青茶为原料，并在地理标志保护范围内采用特定的加工工艺制成，具有独特品质特征的茶叶。按其加工工艺和品质特征，普洱茶分为普洱茶（生茶）和普洱茶（熟茶）两种类型。普洱茶在适宜的条件下可以长期保存。

对照分析上述两个标准可以发现，其核心是相同的，都是将生、熟茶定性为普洱茶，而且认为可以长期保存。从整个普洱茶的发展进程来看，这是一个里程碑式的事件，意味着生茶、熟茶经长期存放后的老茶都获得了合法的地位。

事实上，早在 2002 年，主要作为边销茶的紧压茶已经率先突破了茶叶类产品保质期的限制。中华人民共和国国家质量监督检验检疫总局 2002 年发布实施的国家标准 GB/T 9833—2002《紧压茶》规定：花砖茶、黑砖茶、茯砖茶、康砖茶、沱茶、紧茶、金尖茶、米砖茶、青砖茶在适宜条件下，产品都可以长期保存。2013 年修订后发布的紧压茶国家标准延续了这一点。

中华人民共和国国家质量监督检验检疫总局 2017 年实施的国家标准 GB/T 32719《黑茶》规定：花卷茶、湘尖茶、六堡茶在适宜的条件下，产品可以长期保存。

从感通茶、宝洪茶到普洱茶，老茶传承的脉络不绝如缕。从普洱茶发端，四川黑茶（康砖、金尖）、湖南黑茶（湘尖茶、花卷茶、花砖茶、黑砖茶与茯砖茶）、广西黑茶（六堡茶）、湖北黑茶（青砖茶）等各种黑茶，甚至包括红砖茶（米砖茶）相继有了国家标准，确立了其在适宜条件下长期保存作为老茶的合法地位。

秋天到访湖南省益阳市安化县梅城茶厂，总经理吴俊先生从仓库里翻拣出了一批 20 世纪 90 年代的红砖茶。这些茶当年压制成砖之后，客户的生意遭遇变故，货物就此积压了下来。随意抽取了一片撬开品尝，当年香甜可口的红茶，如今已经转化成醇厚的口感，陈香馥郁，汤色红艳明亮，饮后唇齿留香，令人心旷神怡。

东南形胜，八闽大地，早有老茶端倪。明崇祯进士周亮工，河南祥符（今开封）人，入清以后曾在福建为官八年。所著《闽小记》为后人考证武夷岩茶雏形出现于清初提供了佐证。其所作的《闽茶曲》中有诗句记曰："雨前虽好但嫌新，火气难除莫近唇。藏得深红三倍价，家家卖弄隔年陈。"可见，武夷岩茶诞生之初就有了崇尚陈茶的风尚。

　　清康熙三十年（1691年）入武夷山为僧的闽南同安布衣释超全所作《武夷茶歌》所记："鼎中笼上炉火红，心闲手敏工夫细。"从中可知武夷岩茶的工艺已经初具形态。稍后所作《安溪茶歌》记曰："溪茶遂仿岩茶样，先炒后焙不争差。"证明当时青茶的工艺已从闽北传入闽南地区。

马哲峰与非物质文化遗产潮州工夫茶艺代表性传承人叶汉钟先生（右一）合影

在闽南地区的民间，久藏成陈的存茶习俗与饮用老茶的风尚一直流布。十数年前，正是新工艺轻发酵、轻焙火、清香型铁观音大行其道的时期。好友范小红入闽南安溪收茶，意外地在一户茶农家里发现存下来的铁观音老茶。好奇之下，她提出想要购买，茶农觉得她已经买了自己很多新茶，就做了个顺水人情送了她几斤。带回郑州之后，她请大家相聚品尝，故意卖关子让大家猜茶。虽然有人猜对了，大家还是不以为然，反而笑话她："放着新茶不喝，要喝过期的陈茶。"虽然难抵众人七嘴八舌的议论，她还是为自己辩解："这就是好玩嘛！"之后一笑了之，再未有人放在心上。

近几年铁观音行情大跌，安溪人重拾传统工艺，并开始力推铁观音老茶。直到2016年中华人民共和国国家质量监督检验检疫总局发布《铁观音》国家标准修改单：陈香型铁观音是以铁观音毛茶为原料，经过拣梗、筛分、拼配、烘焙、贮存五年以上等独特工艺制成的具有陈香品质特征的铁观音产品。青茶类的老茶从民间的习俗上升为国家标准，意味着一个新时代的到来。

春天到广东潮州访茶，我专程拜访了非物质文化遗产潮州工夫茶艺代表性传承人叶汉钟先生，意外地品尝到了一款20世纪80年代的铁观音老茶。这款茶外形呈条索形，更近似于武夷岩茶、凤凰单丛，而与今时偏向颗粒型的铁观音截然不同。汤色橙红靓丽，滋味醇厚，陈香优雅，令人大感惊艳。

2013年陈兴华先生编著《福鼎白茶》一书，书中提出的白茶"一年茶、三年药、七年宝"的观念深入人心。湖南农业大学刘仲华教授带领的科研团队证实：年份白茶比新产品白茶有独到的表现。通过对1年、6年、18年的白茶进行比对研究，他们发现随着白茶贮藏年份的延长，陈年白茶在抗炎症、降血糖、修复酒精肝损伤和调理肠胃等方面，比新产品白茶具有更好的作用和效果。

2016年岁末年初，特意邀请福建省茶叶进出口公司总经理危赛明先生莅临郑州，开设有关白茶的讲座暨品鉴会，危先

云南晒青绿茶·春蕊

生的话言犹在耳："现在二十年以上的老白茶，少量品鉴的还有，作为商品批量供应市场的绝对不可能有。"危先生亲身见证了白茶由外贸转向内销的过程，对老白茶市场的健康发展抱有期许。

黄茶能否藏茶成珍成为老茶，有待进一步的实践检验与探索。未知的领域令人着迷，这也是引领茶不断发展的动力。

自古及今，崇尚新鲜自然都是饮茶的主流风尚。炒青绿茶、蒸青绿茶与烘青绿茶尤以新鲜自然为上，至今依然如故。

从文献的记载、民间习俗的流布追溯老茶的源流，到国家标准的确立、科学实验的验证引领老茶的未来走向，绿茶类中的晒青绿茶、红茶类中的红砖茶、青茶类中的铁观音、黑茶类与白茶类都有可以藏茶成珍的品种。老茶，正在成为一种普世的风尚。

选茶有方

茶从贮存到收藏，方法有别，目的不同。在农耕社会，贮存的目的原本是为了保质；穷尽了各种方法之后，也只能做到尽可能延长保质期。时至今日，大宗绿茶（蒸青、炒青与烘青）、大宗黄茶（多叶型黄茶）、茉莉花茶，依然在常温下密封贮存，品质终究还是会下降。意外的收获来自于云南本土行销的晒青绿茶，久藏愈佳。还有内销的青茶、边销的黑茶、外销的红茶与白茶，需要经

得起漫长的运输过程，在背夫肩驮担挑、牛马驮运、船舶水运的过程中由新转陈，在常温下，经得起存放。演变至今，有意收藏，蔚然成风。直到现代社会，贮存茶叶孜孜以求的保鲜才得以实现。名优绿茶（蒸青、炒青与烘青）、名优黄茶（芽型黄茶、芽叶型黄茶）、名优青茶（新工艺青茶），最好的存茶方法是密封低温冷冻，保有了茶叶自然新鲜的风味。

许多年前，我在郑州水云间茶楼听过一位老教授分享藏茶心得。层层包裹密封好的信阳毛尖，

湖南安化黑砖茶

一直冻在家用冰箱的冷冻室里,时间最长的达到了七、八年之久,拿出来品尝,还是有毛尖的味道,只不过不复当初新鲜的风味罢了。也听过一些茶友的笑谈,因为不了解藏茶的方法,专门买了一个大容量的冰箱,朋友送的、自己买的茶,全部放在里面冷冻保存,以至于那些原本该自然存放的茶受潮发霉,白白浪费了许多好茶。

选茶有方,首要分茶类。蒸青、炒青与烘青类的名优绿茶意在保鲜,在保质期内饮用最能体会到新鲜自然的美好;唯有晒青绿茶,可以长期保存。白茶类既可以品饮新茶,也可以长期保存。红茶类不独可以品饮新茶。国家标准已经认定红砖茶适宜长期保存,这就意味着其他品种的红茶也有可以长期保存的潜质。青茶类中的新工艺产品最宜新鲜时饮用。铁观音贮存五年以上被认定为陈香型,其他青茶类也具备同样的潜质。所有的黑茶类都可以品饮新茶,老茶品质会更好。唯有黄茶,尚属空白。从工艺上来看,黄茶与绿茶、黑茶都只有一线之隔,闷黄轻的话更近似绿茶，闷黄重的话则近似黑茶。现在的黄茶，普遍更近似于绿茶，越新越好喝。倘若闷黄程度较高，则存在如黑茶般可以存放的潜质，当然这还只是一个有趣的猜想。

选茶有方，其次在原料。从幼嫩的茶芽、老嫩适度的芽叶到成熟度高的嫩梢，既往的经验是：成熟度较高的原料更耐储存。绿茶类中的蒸青、炒青与烘青类名优绿茶普遍有贵嫩、贵早的风尚，采摘幼嫩的茶芽和芽叶制作而成，适宜于新鲜时饮用。晒青毛茶一度受到前者的影响，比照其做法早采、嫩采，最终经过实践的检验恢复到原有采摘嫩梢的传统作法上，采制成的茶存放后品质更为优异。红茶中的工夫红茶如金骏眉一般采摘嫩芽制成，而小种红茶、红碎茶往往采摘嫩梢制成，更有存

藏茶有道·云南普洱茶

藏茶有道·湖南安化黑毛茶

藏茶有道·广东东莞普洱茶库房

放的价值。白茶中有采摘嫩芽制成的白毫银针，采摘芽叶制成的白牡丹，采摘嫩梢制成的贡眉与寿眉，后者远比前者更加经久耐存。青茶普遍采摘嫩梢制成，原料的成熟度较高，其本身就具有存放的物质基础。黑茶类中，过去边销茶普遍采摘的过于粗老，而内销茶适当提高了原料的嫩度，储存出来的效果也更好。过分细嫩与过分粗老的鲜叶原料，都不是最佳选择，唯有成熟度适宜效果最佳。一个耐人寻味的现象是，从长期储存出来的老茶的品质来反向追溯，小茶树不如老茶树，最好的是来自于百年以上的古树原料。原料好，茶才好，存储的老茶会更好。

选茶有方，关键在工艺。绿茶类中的炒青、蒸青与烘青绿茶，初制工艺普遍采用的工序是高温杀青，以期彻底杀死鲜叶中酶的活性，所以在保质期内越鲜越好喝；而晒青绿茶，采用的是中低温杀青，保留了一部分鲜叶中酶的活性，后期越陈越香。初制工艺中毛茶干燥的工序亦有影响，最耐存的恰恰是用最为原始的晒干工艺制成的茶，如云南的晒青毛茶；其次是松柴明火干燥的湖南安化黑毛茶、福建武夷山小种红茶；然后是炭火烘干的青茶、白茶；最差的是机械烘干的茶叶。精制工艺中，紧压茶类干燥工序中最耐存

入库

广东东莞茶仓·堆码

广东东莞茶仓·库检

的，一般采用自然晾晒的方法，如普洱茶在室内阴干，千两茶日晒夜露自然干燥；入烘房烘干的紧压茶存放后出来的效果普遍不如前者。初制、精制与储存中能否发酵，是能否藏茶成珍的分水岭。绿茶中的晒青毛茶、紧压茶中的普洱生茶在初制与精制中都不发酵，但在存放的过程中可以自然发酵，因而经久耐存。白茶、青茶、红茶与黑茶，在初制或精制的过程中有过发酵，因而经得起存放。黑茶在后期存放的过程中可以自然发酵，非常耐存。从茶的形态上看，散茶与紧压茶相较，长期存放后的效果，紧压茶的品质更上一层楼。晒青毛茶长期存放后的效果，不如紧压成型的普洱生茶。篓装的湘尖茶不如紧压成型的砖茶（茯砖、花砖、黑砖）、花卷茶（千两茶）。

符合国家标准，经得起实践检验的当属黑茶。云南大学生命科学院的高照教授研究认为：云南普洱茶、四川黑茶、湖北黑茶、湖南黑茶与广西黑茶等黑茶，在后期储存的过程中都在以黑曲霉菌为主体的有益菌种的作用下进行后发酵，以提高品质，达到越陈越香的效果。在湿热环境下"熟得快"，需要一定的年份"陈的香"。

藏茶有道

藏茶，最低的要求是保证品质，有科学的贮存方法。中华人民共和国国家质量监督检验检疫总局发布实施的国家标准 GB/T 30375—2015《茶叶贮存》，可资参考。

藏茶有道，其一是产品。

生产厂家最有条件贮存或收藏原料，其目的是为了保障产品品质的稳定，并保障供应量，这在具有边销茶资质的黑茶类企业中最为明显。

广东东莞茶仓·灭菌通风口

云南普洱茶、四川雅安藏茶、湖北赤壁青砖茶、湖南安化黑茶、广西梧州六堡茶，大都有专业化的仓库，用来贮存和收藏原料。实地探访，身处动辄成千上万吨藏量的原料仓库，颇感震撼。

无论是专业的茶商还是业余的爱好者，藏茶以成品最为相宜。最好是选择正规厂家的产品，这是最基础的保障。直观的感受反映在产品的感官标准上：无异味，无霉变，洁净，不着色，不含任何添加剂，无非茶类夹杂物。产品的外形与内在的色、香、味都应符合相应的标准。理化指标中的水分含量、污染物限量、农药残留，要符合相应的标准。包装材料也要符合卫生标准。

藏茶有道，其二在库房。专业化的藏茶，都有专门的仓库。仓库应远离污染源，库房内应整洁、干燥、无异味。地面应经过硬质处理，并有防潮、防火、防鼠、防虫、防尘设施。应防止日光照射，采取避光措施。应有控温设施。

藏茶有道，其三在管理。专业化的藏茶，仓库管理很重要。

广东东莞茶仓

首先是入库。茶叶应及时包装入库。入库的茶叶应有相应的记录（种类、等级、数量、产地、生产日期等）和标识。入库的茶叶应分类、分区存放，防止相互串味。入库的包装件应牢固、完整、防潮、无破损、无污染、无异味。

其次在堆码。堆码应以安全、平稳、方便、节约面积和防火为原则。可根据不同的包装材料和包装形式选择不同的堆码方式。货垛应分等级、分批次进行堆放，不得靠柱，距墙不少于 200 毫米。堆码应有相应的垫垛，垫垛高度不低于 150 毫米。

再次在库检。库检项目包括：货垛的底层和表面水分含量变化情况；包装件是否有霉味、串味、污染及其他感官质量问题；茶垛里层有无发热现象；仓库内的温度、相对湿度、通风情况。应设定检查周期：每月应检查 1 次，高温、多雨季节应不少于 2 次，并做好记录。温湿度控制方法：库房内应有通风散热措施，应有温度计显示库内温度；库内温度应根据茶类的特点进行控制；库房内应有除湿措施，应有湿度计显示库内相对湿度；库内相对湿度应根据茶类的特点进行控制。卫生管理：应保持库房内干净整洁；库房内不得存放其他物品。安全防范措施：应有防火、防盗措施，确保安全。

藏茶有道，其四在措施。首先是库房。要求库房应具有封闭性。黑茶和紧压茶的库房内应具有通风功能。其次是包装。包装应选用气密性良好且符合卫生条件要求的塑料袋（塑料编织袋）或相应复合袋。黑茶和紧压茶的包装宜选用透气性较好且符合卫生要求的材料。再次是温湿度控制。绿茶、黄茶贮存温度宜控制在 10℃以下，红茶、青茶、白茶、花茶、黑茶与紧压茶贮存温度宜控制在 25℃以下。绿茶、红茶、青茶、黄茶、白茶、花茶贮存相对湿度宜控制在 50% 以下，黑茶、紧压茶贮存相对湿度宜控制在 70% 以下。

藏茶，长远的目的在于提升品质。广东省东莞市有成熟的藏茶经验，亦可作为参照。

广东省东莞市的藏茶之风始于 20 世纪 90 年代，至今已历 20 余年。东莞现在有着"藏茶之都"的美誉。

东莞藏茶风气的形成，得益于以下条件。其一是当地人饮茶的风气浓厚，其二是受香港、台湾等地区藏茶风气的影响，其三在于藏富于民的丰厚物质基础，其四在于成熟发达的低成本物业。天时、地利、人和，夯实了东莞藏茶的行业龙头地位。

东莞藏茶，一是专业茶仓，包括双陈普洱茶仓、天得茶仓、昌兴存茶、七彩云南普洱茶东莞酝化中心、乐茶轩藏茶仓等；二是茶商仓，包括东莞市 11 家茶叶市场 7000 余家茶商各自的茶仓；三是私人仓，据不完全统计，东莞市有 2 ~ 3 万私人家庭茶仓。各种茶仓收藏的茶叶总量在 30 万吨左右。

通过对广东省东莞市专业茶仓的实地探访，现将其积累下来的实践经验进行总结，以资后来人参考借鉴。

专业茶仓收藏茶叶的种类各有特点：既有如天得茶仓那样全系列各类茶都有收藏的，亦有如昌兴存茶藏四川藏茶、湖南黑茶与云南普洱茶的，还有如乐茶轩专事收藏四川藏茶，双陈普洱茶仓、七彩云南普洱茶东莞酝化中心专事收藏普洱茶的。

专业茶仓遵循分类贮藏的原则。天得茶仓，各大茶类都分开贮藏，各自都有独立的仓库。昌兴存茶，四川藏茶、湖南黑茶与云南普洱茶，每类茶都各自占据了一个楼层的茶仓。七彩云南茶仓，将生、熟普洱茶单独设仓。双陈普洱茶仓，不同年代的普洱茶分别占据不同的楼层。乐茶轩将不同年份的藏茶分设茶仓贮存。

专业茶仓设仓的理念各有不同。乐茶轩租借库房，增设必要的设施设仓。天得茶仓，建设工厂化的仓库设仓。昌兴存茶，在原有厂房的基础上盖建茶仓。七彩云南茶仓，引入现代科技设仓。双陈普洱茶仓，汲取了粮仓的理念建设茶仓。

专业茶仓设仓的核心技术相似。防潮是共同的原则，梅雨季节紧闭门窗闭仓谢客，将茶仓与外部隔绝。茶仓内部沿用传统的方法，沿墙壁周围设置生石灰槽吸湿，行与行之间成排放置盛满木炭的竹篓吸收异杂味。通过设置通风管道，适时通风。有的茶仓甚至安装有中央空调，调节温度、湿度。并借助温湿度计，记录温湿度的变化，以便适时调节。各茶仓均遵循避光存放的原则，有门窗的安装遮阳帘，室内的光源都以冷光源为主。

专业茶仓设仓的卫生标准很严格。昌兴存茶、双陈普洱，茶仓都设有专门的工作通道，只能隔着玻璃窗参观。天得茶仓、七彩云南，进入茶仓参观，需要严格按照规定，穿戴上工作衣帽、鞋套，并进行消毒。

遵循科学的贮存方法，汲取成熟的仓储经验，因地制宜、因茶而异，贮存收藏茶叶，为茶行业探索出一条全新的路径，成为我们生活的这个时代的盛世风尚。

第六章

评茶技艺

读懂中国茶

湖北天门茶圣陆羽纪念馆

懂茶不是一件容易的事,多少人孜孜以求,渴望获得洞悉茶叶品质高下的能力。千年以来,历代茶人穷尽毕生之力,寻找揭示茶叶品质奥义的方法,这就是评茶技艺。

历经千锤百炼的评茶技艺包括技术、艺术与文化三层内涵,具有物质和精神的双重属性。掌握了评茶技艺,也就获得了获知茶叶品质高下的密码,打开了认知茶世界的大门。

技术层面的评茶技艺,自古以来就是评比茶叶品质高下的手段,至今犹然。将茶首先视作一种饮品,这是评茶技艺的物质属性。

艺术层面的评茶技艺,主要体现在运用艺术性的方法审评茶叶,这在古代是一种生活性的艺术门类,影响历千年而不衰,至今犹存,内含精神属性。

评茶技艺背后的主导因素是茶文化。自古及今,人们都将茶视作一种精神享受。这是评茶技艺内在精神属性的终极追求。

以现代评茶技艺为基础,俯瞰自唐迄今历代评茶技艺的变迁,从构建评茶技艺的环境、器具、水品、茶品、方法和从事评茶的人这六个着眼点,从技术、艺术与文化层面探寻评茶技艺的奥秘,其物质、精神双重属性的前因后果,可以预知评茶技艺未来的流变。

溯源

自唐迄今,评茶技艺从诞生到成熟,历经了上千年的历史。倘以评茶技艺变迁为视角,大致可以划分为四个阶段。

浙江湖州慕羽坊

第一个阶段是唐代，评茶技艺自此发端。唐代茶圣陆羽所著《茶经》将当时的评茶技艺命名为"别"，即鉴别。

第二个阶段是五代、两宋及元代，评茶技艺进一步发展。斗茶，又名茗战，是这个时期的评茶技艺。

第三个阶段是明代至清代中期，评茶技艺初步完备。明代张源所著《茶录》将评茶技艺称为"辨茶"。清代吴骞著《阳羡名陶录》将其称为"较茶"。

第四个阶段是清晚期至今，评茶技艺终臻于成熟完备。现代评茶技艺肇始于19世纪中叶英国主导下的印度红茶审评，其基本内容迄今未变。在此基础上发展完善起来的中国评茶技艺，又名茶叶感官审评，简称为"评茶"，如今最为完备成熟，引领世界先进水平。

环境

　　盛世则茶兴。社会的安定、经济的发展与文化的盛行如影随形，使茶具有了物质与精神双重属性。统观兴茶的时代，唐、两宋、明清与现代，莫不如此。

河南洛阳龙门香山白园

唐代陆羽著《茶经》开启了评茶技艺之滥觞，引领了唐代世人的风尚。人们或在寺院，或在自家庭院，或在野外，竞相以饮茶、别茶为乐事。或许是在谷雨时节吧，大诗人白居易的友人李六郎中寄来了新蜀茶。诗人诗以咏记，《谢李六郎中寄新蜀茶》有句曰："不寄他人先寄我，应缘我是别茶人。"描摹出一幅诗人在自家宅院悠然自得鉴别品饮新茶的生动画面。

两宋时期，点茶、斗茶成为盛世清尚。或在野外，或在市井间，或在庭院里，或在皇宫中，斗茶是经常上演的活动。大文豪范仲淹《和章

河南洛阳伊川范园

岷从事斗茶歌》有句:"北苑将期献天子,林下雄豪先斗美。"绘就野外林下斗茶的场景。刘松年绘有《斗茶图》,画面上卖茶者在市郊相遇斗茶。唐庚《斗茶记》中记述有与二三君子在自己的书斋中斗茶为乐的场景。

有明一代,文人士大夫以茶引领风尚,或在名山名水名寺,或在自家的园林宅院,时以辨茶为乐事。物质条件的优渥,人文环境的优越,为其奠定了丰饶的基础。

清代,臻于成熟的工夫茶孕育了后世青茶的评茶技艺。潮汕俗语:"坐书斋,喝烧茶。"文人士大夫从有闲的书斋里培植出具有艺术韵味的较茶技艺,对后世影响深远。

实际上,从古迄今,茶作为一种农副产品的属性至今依然。从产地一家一户茶农的家庭作坊,或者是因陋就简的初制所,到田间地头、乡村市集的交易市场,再到终端的茶叶市场,甚至是民间组织的茶王赛,囿于自然环境条件的限制,评茶的环境条件始终难有根本性改观。这是传统评茶技艺生活化的典型写照。时至今日,乡村的茶王赛、市井间的斗茶会依然盛行。野外林下也好,市内露天也罢,环境条件并不是最重要的,完全顺应自然。倘以非物质文化遗产来对待,使其作为一种活色生香的生活艺术传承延续下去,则可滋养爱茶人的身心。

现代评茶技艺,对感官审评环境条件有着严格的要求,体现的是科学的原则。对地点,室内环境、布局、朝向、面积,室内色调、气味、噪声、采光、温度和湿度,审评设备,

检验隔档，样品室，办公室等有着细致入微的标准和要求。这在国标 GB/T 18797《茶叶感官审评室基本条件》中有详细的规定。

当下，只有具有相当规模的茶叶企业，或者是茶叶科研院所、开设有茶学专业的高等院校，才有按照标准设立的感官审评室。从整个行业来看，所占比例仍然微乎其微。但为了追求茶叶感官审评结果的公平、公正与可靠性，未来一定会朝向这个趋势发展。

茶叶感官审评是西方科学思维主导下的产物，不独是国内贸易中评茶技艺环境条件的要求，更是国际贸易中评茶技艺环境条件的标准，追求的是在同样的环境条件下，使得结果更公平、公正与可靠。

器具

盛世兴茶，每一个时代都有属于自己的饮茶风尚、评茶技艺，器具亦是如此。

至迟在唐代，饮茶器具已经从饮食器具中脱离出来，成为单独的一个门类。茶圣陆羽在《茶经》中罗列出了24种茶器，并将其用于别茶，即评茶。

两宋时期，饮茶的方式发生了很大变化，与之相应的器具亦有改变，名称改作茶具。南宋审安老人《茶具图赞》汇集了12种茶具。宋人采用这些茶具斗茶，即评茶。

唐代宫廷茶器·鎏金银笼子

唐代宫廷茶器·鎏金银茶碾

唐代宫廷茶器·鎏金银茶罗

唐代宫廷茶器·琉璃茶盏

唐代宫廷茶器·银风炉

福建建阳水吉窑遗址

宋代越窑青瓷汤瓶

宋代建窑黑釉兔毫盏

宋代婺州窑酱釉汤瓶

宋代遇林亭窑黑釉茶盏

福建武夷山遇林亭窑遗址

明代时大彬款识盖罐 清代陈鸣远松段壶

民国程寿珍掇球壶 当代顾景舟井栏壶

入明以后，饮茶方法再度发生了巨变。回顾整个明清时期，景瓷（景德镇的瓷器盖碗）、宜陶（宜兴的紫砂壶）成为茶具之首。伴随着工夫茶逐步发展成熟，工夫茶具趋于完备，普遍讲究的是四宝：白泥小砂锅（古称砂铫，雅名玉书碨）、红泥小炭炉（风炉、烘炉）、紫砂壶（或潮汕朱泥壶，俗名冲罐、苏罐，雅名孟臣壶）、白瓷小茶杯（若深杯、白令杯）。从明代中期到清代中期，瓷质的盖碗和陶质的紫砂，成为较茶（即评茶）的专属茶具。

从 19 世纪中叶开始，英国人主导的印度红茶为主的审评器具成为主流，有了专用的审评杯、审评碗，此外还有烧水的铜壶、天平、茶勺等。这已经与中国传统的茶具不相干了，但却与今日评茶器具一致。

中华人民共和国国家质量监督检验检疫总局 2018 年颁布实施的国家标准 GB/T 23776—2018《茶叶感官审评方法》有详细的规定：评茶的核心器具是审评杯、审评碗，此外评茶盘、分茶盘、叶底盘、称量用具、计时器、烧水壶等一应俱全。唯一可见有中国特色的器具就是青茶专设的审评盖碗，这应该是从工夫茶具里延续下来的。

器物里面蕴含丰厚的文化信息。统观唐、两宋、明清时期中国历代传统评茶器具，莫不如此。

单以历代评茶器具的数量来看，呈现递减趋势，从唐代的 24 器，到宋代的 12 茶具，再到明清时期工夫茶 4 宝。评茶器具数量的由繁趋简，顺应的是大道至简的原则。

江苏宜兴前墅龙窑遗址

从历代评茶器具的材质来看，蔚为丰富，横跨陶瓷、金属、竹木等门类，但始终以陶瓷为主流器具，这与中国历代高度发达的陶瓷技艺有关。评茶选用陶瓷器具，兼顾了实用与艺术审美，并以"宜茶"为共同原则。唐代陆羽别茶，选择茶碗"南青北白"，更喜爱南方越窑瓷器。宋代斗茶，舍汝、官、哥、定、钧五大官窑，而尚黑釉建盏。明清时期，景德镇的青花瓷与宜兴的紫砂壶，世间茶具称为首。

自 19 世纪中叶开始，英国人主导的印度红茶为主的评茶器具成为主流。在此基础上发展完备起来的中国现代评茶用器具，完全与其看齐。在现代科学精神的引领下，所有器具都以经济、实用、可靠、公平、公正为第一原则，体现的是西方商业视野下实用主义至上的器物法则。比起传统中国评茶器具兼顾实用与艺术审美的双重法则，艺术审美被无情地舍弃掉了，这不能不说是一种巨大的遗憾。

唯一的遗存，就是现代评茶器具中使用的盖碗。盖碗是青茶专属审评用具，这是从工夫茶具跻身现代评茶用具的唯一特例。即便如此，以传统中国文化视之，盖碗这种被誉为天地人三者合一的三才杯，与天涵之、地载之、人育之的茶，在文化上一脉相承，蕴藏有道法自然的审美原则。

水品

茶，对于水和热有着天然的亲和力。茶与水同样来源于自然界，有着同样道法自然的品格。这在中国历代评茶用水方面显露无疑。

江苏镇江天下第一泉中泠泉

江苏无锡天下第二泉惠泉

统观评茶用水，取舍缘由有二：其一是水质；其二是水温，古人谓之"汤候"。

唐人陆羽别茶："其水，用山水上，江水中，井水下。"讲求的是水质。唐人煮水用釜，以目辨之。"其沸如鱼目，微有声，为一沸。缘边如涌泉连珠，为二沸。腾波鼓浪，为三沸。已上水老不可食也。"

宋人斗茶择水，如宋徽宗《大观茶论》云："水以清轻甘洁为美，轻甘为水之自然，独为难得。"讲究的也是水质。宋人同样讲求水温，煮水用汤瓶，主要通过耳听来辨别水沸程度。宋人罗大经《茶声》诗曰："松风桧雨到来初，急引铜瓶离竹炉。待得声闻俱寂后，一瓯春雪胜醍醐"。讲水在刚烧过二沸，即将到三沸之际，提瓶离炉稍作等候最为相宜。

明人辨茶，对于水和茶的关系论述最为透彻。许次纾《茶疏》论择水："精茗蕴香，借水而发，无水不可与论茶也。"张大复《梅花草堂笔谈》中讲得更为透彻："茶性必发于水，八分之茶，遇水十分，茶亦十分矣；八分之水，试茶十分，茶只八分耳"。张源《茶录》："茶者水之神，水者茶之体。非真水莫显其茶，非精茶曷窥其体"。水温讲究更显精道，许次纾《茶疏》："水一入铫，便需急煮，候有松声，即去盖，以消息其老嫩。蟹眼之后，水有微涛，是为当时。大涛鼎沸，悬至无声，是为过时，过则汤老而香散，决不堪用。"

19世纪中叶兴起的英国主导的印度红茶为主的评茶技艺，要求茶与水质相匹配，重视水的软硬度，舍矿泉水而选用过滤过的蒸馏水，忌用自来水。并看重水温。最理想的方法是把新打的水放在铜壶中烧开。

现代评茶用水，国家标准《茶叶感官审评方法》中有明确规定："审评用水的理化指标及卫生指标参照GB 5749—2006《生活饮用水卫生标准》执行。同一批茶叶，评茶用水的水质应保持一致。"

现代人生活用水的方便程度是古人难以想象的，但今人却不复古人之风雅，亦足令人叹息。古人拥有的水质之佳美，尤为现代人所艳羡。

立足当下，现代人择水评茶时，应当有所取舍。城市里的自来水，多用漂白粉消毒，含有较多的氟离子，气味刺鼻，且会导致茶中多酚类物质氧化，影响汤色，损害茶味，不适于评茶。

矿泉水、纯净水相较于自来水，更适于评茶。

自唐至明代的茶人，对于水沸的程度极为看重，缘由在于当时的茶基本属于现代意义上的绿茶，是故斤斤计较，亦不为过。

清代中期兴起的工夫茶，不仅用沸水冲泡，且用热水浇淋泡茶壶盏，用以提高温度。所泡之茶，亦为经得起沸水冲泡的青茶。这种沸水评茶的方法延续至今。

茶品

倘将制茶工艺进行约略的划分，自唐以降至明代中期属于蒸青绿茶的时期。

唐代所产之茶计有 140 余种，大部分是蒸青团饼茶，少量是散茶。贡茶计有十余品目，其声望最著者为顾渚紫笋。唐人别茶，皆是蒸青茶类，犹重饼茶。

浙江长兴仿唐工艺梅花饼茶

浙江长兴唐代顾渚贡茶院遗址

　　宋代，蒸青茶不独以团茶为佳，亦有散茶为世人所誉者。宋代名茶计有百余种，贡茶最重建茶，单是北宋时期，北苑贡茶创造出来的品目就有四五十种之多。

　　宋人斗茶，以蒸青团饼茶为主，都属于蒸青绿茶类，当时斗茶之风盛行，极大地促进了各产茶地不断创造出新的名茶。宋人将团茶的评茶技艺推向极致，这种评茶技艺对现代紧压茶的审评影响犹存。

　　宋人斗茶，至迟到南宋时期，蒸青散茶的斗茶已经出现，这在元代得到延续。

到了明代，开始废团茶而兴叶茶，蒸青团茶逐渐式微，蒸青、炒青、烘青、晒青等散茶逐渐兴起。不过，直到明代中期以前，蒸青团饼茶、散茶的遗韵犹在。

从明代中期开始，散茶成为主流，炒青绿茶成为主流技艺。至今中国的所有茶类中，仍然以绿茶类产量为最高，以名优绿茶的数量为最多。

福建建瓯仿宋工艺龙凤团茶

福建建瓯宋代北苑御焙遗址

自明代中期至今，围绕炒青绿茶辨茶的评茶技艺，成为后世中国评茶技艺的基础。

明代的茶叶，逐渐从绿茶扩展到白茶、黄茶、黑茶等各大类。明代计有茶叶一百多种。当时产茶之地，有茶必贡。明人辨茶，以绿茶类散茶为主。

时至清代，制茶技术趋于发达，绿茶、白茶、黄茶、黑茶、青茶与红茶等各类茶齐备。清代声誉最著的贡茶为龙井茶、普洱茶。

清代宫廷遗存·普洱茶

云南勐腊倚邦清代"永远遵守"茶碑

云南勐腊易武车顺号旧址

　　青茶的出现，以及以其为核心的工夫茶的成熟，孕育了后世以盖碗审评青茶的技艺。现行的国家标准《茶叶感官审评方法》中，青茶审评专用盖碗。

　　清代开始至今，红茶成为国际市场上贸易量最大的茶类。19 世纪中叶英国主导下印度红茶为主的评茶技艺成为现代评茶技艺的发端，其核心内涵迄今未变，普遍应用在国际贸易中。

　　现行国家标准《茶叶感官审评方法》承继传统，以绿茶审评为基础，兼纳青茶专用评茶技艺；与国际接轨，采用英国主导下以红茶为核心的审评方法；并囊括了白茶、黄茶、黑茶与再加工茶（紧压茶、花茶、袋泡茶与粉茶）等众多茶类的审评。

传统以绿茶为核心的评茶技艺，文人士大夫将其视作艺术品来对待，采用的是艺术的方法、文化的视角。自古典时期的蒸青绿茶到现代的名优绿茶，内在的精神内涵一脉相承。

现代以红茶为核心的评茶技艺，崇尚的是在西方科学精神指引下追求公平、公正和可靠，以实用主义至上为原则。

内销青茶评茶技艺，源自明清时期的工夫茶，是一种特色茶类，以地域文化和生活艺术相结合为表现形式。

方法

纵观历代评茶技艺，历经唐、五代、两宋、元、明、清至现代，代有变迁。约略分之，经历了唐煮、宋点、明清瀹泡、现代闷泡四个阶段。

以艺术的角度视之，唐煮、宋点、明清瀹泡这三个阶段，评茶技术与艺术完美地融为一体，密不可分。现代的闷泡，舍艺术而倾向于技术。

从主导评茶技艺的文化角度俯视，唐煮、宋点、明清瀹泡，背后一以贯之的是中国传统的茶文化。自19世纪中叶始，英国主导下的印度红茶为主的评茶技艺成为国际贸易中的通行方法，主导评茶技艺的文化让位于以英国文化为代表的西方文化，其从根本上说是西方的科学思维主导下的产物。

唐代的评茶技艺，陆羽称为别茶。审评之茶为蒸青绿茶，主要是饼茶。陆羽以视觉鉴别茶饼的形态、色泽，并以煎煮后的茶汤评审内质。视煮茶所育的沫饽为茶汤的精华，崇尚煮出的茶汤色泽浅黄。滋味甜的是槚，味苦的是荈，入口苦回味甜的是茶。

冈仓天心《说茶》曰："唐代是一个儒释道寻求融会贯通的朝代，是唐代的时代精神将茶从粗俗的状态下解放了出来。"陆羽别茶的时代文化背景就是儒释道主导下的唐代文化。

非物质文化遗产项目（卢仝煎茶技艺）代表性
传承人李菊月先生煎茶

河南省宋茶文化研究中心秘书长丰智利先生点茶

丰智利先生点茶

宋代的评茶技艺，主要是斗茶。审评的仍然是蒸青绿茶中的团饼茶、散茶。着重于茶的外形，内质的色香味。茶色贵白，茶有真香，茶味甘香滑重，为味之全。

　　两宋时期文化背景仍以儒释道三教传统文化为背景，主流意识尤尚道教。

　　明代辨茶，主要是绿茶，尤重炒青绿茶。评茶首重茶色，以青翠为胜。其次是茶香，茶有真香，有兰香，有清香，有纯香。再次是滋味，味以甘润为上，苦涩为下。

2018 年首届中原茶艺杯茶艺大赛冠军张玉姣演示茶艺

明代的文化背景依然为儒释道主导的传统文化。

清代中期成熟的工夫茶，专事于青茶审评，并延续到现代的评茶体系中。

历数自唐以降至清中期的传统评茶技艺，技术与艺术密不可分，以茶艺的方法作为评茶技艺，兼具技术的目的和艺术之美。干评茶的外形，湿评茶的内质色香味。既达到了鉴别茶品质的目的，又有审美的意蕴。皆以自然为最美，一脉相承至今——评茶技艺仍然以兰香、味甘之茶为最优。评茶技艺背后的主导文化是以儒释道为主的传统文化。

自19世纪中叶兴起的英国主导下的印度红茶为主的评茶技艺，目的在于大宗茶，迄今未变——通过感官审评，特别是对香气与滋味的审评，评定茶的价值。这种方法与技术更近，而与艺术更远。崇尚的现代科学，是以英国为代表的西方文化意志的体现。

近三十年来，我国发布的茶叶审评方法标准：其一是由原商业部制定实施的行业标准SB/T 10157—1993《茶叶感官审评方法》；其二是农业部制定实施的行业标准NY/T 787—2004《茶叶感官审评通用方法》；其三是国家出入境检验检疫局制定实施的SN/T 0917—2000《进出口茶叶品质感官审评方法》。

我国茶叶品质审评的基本方法有三种：一是五因子评茶法，二是八因子评茶法，三是青茶评茶法。农业行业标准使用五因子评茶法，评审项目分为外形、汤色、香气、滋味和叶底。商业行业标准使用八因子评茶法，评审项目为外形干评形状、整碎、净度、色泽，湿评内质汤色、香气、滋味和叶底。青茶审评带有地域性，不适用于其他茶类的审评。

现行的茶叶审评标准是中华人民共和国国家质量监督检验检疫总局颁布实施的国家标准 GB/T 23776—2018《茶叶感官审评方法》，这是目前茶叶感官审评最为权威的标准。

在现代科学思维主导下制定的国标《茶叶感官审评方法》，是西方科学思想与中国传统文化交汇融合后的产物，以科学技术为主导，秉持公平、公正与可靠的原则，涵容中国传统文化意蕴。

现代评茶选用审评杯碗、开水闷泡茶的方法，技术性的要素显著，艺术性的要素淡薄，文化思维的主导因素依旧。

以国际市场上贸易量最大的红碎茶为例，"滋味要求浓、强、鲜爽"，同时兼顾香气、汤色，不太看重干茶和叶底。

内销的名优茶，以名优绿茶为代表，注重外形、香气和滋味，兼顾汤色和叶底。皆以道法自然为最高审评原则，外形以自然为优；内质以兰花香为最优；滋味以涩、苦、鲜为要点；汤色明亮，叶底以自然优美为上品。自唐迄今，与历千年未变的中国茶之感官审评技艺精神属性一脉相传。

青茶（乌龙茶）的审评更是独具中国特色，专选来自工夫茶中的盖碗作为审评用具，而在内质的滋味和香气的审评上，推崇滋味的甘甜醇美和香气的花果香味，同样崇尚道法自然的原则。

浙江湖州茶圣陆羽墓

茶人

茶，生来就是为了满足人们在物质和精神双方面的需求，由此衍生出评茶技艺。主导评茶技艺之人，当属历朝历代茶人。

古往今来，代有评茶大师，他们引领了评茶技艺的风尚，在技术、艺术方面树立了令后人仰之弥高的巅峰，给予后人以启迪。

唐代是评茶技艺的肇始阶段，史上评茶技艺的开创者当属茶圣陆羽。以现代科学的角度视之，陆羽穷尽毕生之力所开创的是围绕蒸青绿茶的评茶技艺。蒸青绿茶紧压茶，已经伴随时代的变革成为过眼云烟，陆羽开创的评茶技艺的内涵与方法，却为后人所承继。

　　纵观陆羽的一生，融会儒释道三教的精神，毕生以身事茶，于学问孜孜以求，于实践亲身践行，终成为垂范后世的一代评茶大师。

　　宋代是评茶技艺的发展阶段，宋徽宗以皇帝之尊醉心评茶技艺，将蒸青绿茶的评茶技艺推向极致的境地。如此高度，前不见古人，后不见来者，终成一代之绝响。

　　宋徽宗作为一位天才的艺术家皇帝，单以评茶技艺的水准来看，无疑在古代所有的皇帝中堪为翘首，其丧权辱国的悲剧性结局，应验了鲁迅先生所言："悲剧就是把美毁灭给人看。"个中缘由发人深省，令人警醒。

浙江绍兴宋徽宗永佑陵遗址

明代是评茶技艺的完善阶段，张源以游艺的理念引领了评茶技艺的风尚，将炒青绿茶的评茶技艺推行于世，至今依然为人借鉴。

自唐至清，文人士大夫掌握了评茶技艺的话语权。管窥蠡测，可以窥见评茶技艺发展的脉络。

自唐代至清代中期，在评茶技艺的古典时期，从事评茶的文人士大夫深受中国传统儒释道文化的滋养，将文化、艺术审美的要素融入评茶技艺，将其发展为一门生活技艺。

从19世纪中叶开始，在茶叶成为全球化大宗商品的国际竞争中，评茶技艺体系的主导权旁落英国人手中，在西方崇尚科学主导下的公平、公正与可靠性的实用主义原则指引下，评茶技艺体系彻底转变为纯粹商品鉴定的技术体系。从事评茶的主体，转变为买卖双方和牵线搭桥的经纪人，评茶已经转变为专业化的实用技术工种。

在当今这样一个社会分工明确的社会里，专业从事茶叶审评的人员，有着属于自己的职业身份——评茶员或评茶师。

中华人民共和国国家标准《茶叶感官审评方法》明文规定：茶叶审评人员应当获有评茶员国家职业资格证书，或具备相应的专业技能。

王运梅老师与李伟先生评茶

　　由中华人民共和国人力资源和社会保障部制定，于2001年8月7日颁布的评茶员国家职业资格标准，将从事茶叶审评的人员名称确定为评茶员（师）。其职业定义是以感觉器官评定茶叶品质（色、香、味、形）高低优次的人员。

　　评茶员（师）主要在茶叶的加工、流通、贸易、科研等单位，从事茶叶审评与检验工作。

结语

评茶技艺自唐代至今，经历了唐代、五代历两宋及元、明代至清代中期、清代晚期至今四个历史发展阶段。

现代评茶技艺，实质是一门审评茶叶品质高低优劣的专业化技术，技术性色彩更强，艺术性色彩淡薄，文化性主导因素依然存在。

现代评茶技艺，建立有完备的感官审评体系。从事评茶的人员有评茶员国家职业资格标准，审评的茶产品有相应的标准，审评的场地有国家标准《茶叶感官审评室基本条件》，选取茶样有国家标准《茶　取样》，评茶的方法有国家标准《茶叶感官审评方法》，评定茶叶的词汇有国家标准《茶叶感官审评术语》，这才是严格意义上的评茶。

以审评杯、碗为核心的沸水闷泡的感官审评方法技术性极强，干评外形，湿评内质色、香、味、叶底，方法科学，结果更为公平、公正、可靠。单就审评方法而言，现代评茶技艺与技术性更为接近，而与艺术性相距较远。

现代评茶涵盖了绿茶、白茶、黄茶、青茶（乌龙茶）、红茶、黑茶与再加工茶七大茶类。评茶对促进现代名优茶品质的提升起到了积极的推动作用。

深究现代评茶技艺的属性，包括技术、艺术和文化三层内涵，兼具物质和精神双重属性。以名优茶审评方法来看，绿茶、白茶、青茶（乌龙茶）、红茶、黄茶与黑茶，甚至包括再加工茶，都一脉相承地遵循了道法自然的审评精神指导原则。外形、叶底皆以自然为最高审美原则，汤色以水般清澈明亮为优。注重香气、滋味的自然属性，香气都以自然的花果香味最优，滋味以苦、涩、甘、鲜自然之味平衡协调最优。

检视现代评茶之失，主要在于审评方法和审评体系尚有可资商榷之处，有待于进一步发展完善。

以名优绿茶审评为例，以信阳毛尖、洞庭（山）碧螺春等单采芽头的高档绿茶为代表，过于片面强调采得嫩、采得早、采得精，导致产量低下，成品茶同质化严重，芽小、汤混、滋味淡。这与宋代贡茶在实质上惊人地相似，是一种病态化审美的结果。在名优绿茶的评选中，应当及时纠正这种倾向。

以名优红茶为例，以新创的武夷红茶金骏眉、信阳红等单芽形的高档红茶为代表，同样强调采得嫩、采得早、采得精，较之传统工艺发酵适度偏轻，在外形与内质上都与传统红茶有较大差异，成品茶产量低下，同样同质化严重，特色不明显，是绿茶化思维导致病态化审美的结果，不值得提倡，应当在审评中加以明确。

青茶（乌龙茶）中，以安溪铁观音为代表的闽南新工艺、轻发酵、清香型乌龙茶，也明显受到绿茶化思维的影响，发酵程度低过 20%，外形呈条索化，内质汤色、香气、滋味与叶底都与传统半发酵、浓香型乌龙茶有明显的区别，闽南地区在实际审评中已经根据需要进行了调整，可以视作对乌龙茶审评体系的补充。

普洱茶国家标准中明确了普洱茶生茶和普洱茶熟茶的审评标准和方法，但对于实际上存在的普洱茶老茶的审评，依然存在各说各话的情况，导致市场混乱，亟待加以解决。

截至目前，我国茶叶审评体系建设初步完备，审评体系的实质是话语权的问题，茶叶是国际大宗贸易的农产品，争取话语权至关重要。

从 19 世纪中叶开始，评茶体系构建的主导权旁落英国人手中，这也意味着有关茶之品质评价的话语权的转移。此后，在以英国主导下的印度红茶为主的审评技艺的评价体系下，中国出产的中小叶种低档大宗红碎茶被贴上了廉价的标签，沦落为世界大宗红茶贸易中无足轻重的配角，迄今未有实质性改观。

也正是源于西方这种崇尚科学、偏重于技术性的评价系统，至今在国际贸易中，茶叶被视作大宗低档廉价的农副产品，我国出口的绿茶、青茶（乌龙茶）、白茶等茶叶全部都是低档的大宗茶，利润微薄。

反观内销的茶叶，各大茶类的名优茶你方唱罢我登场，以质优价高的名优茶占据市场主导地位，甚至导致了原本外销型的红茶、白茶等纷纷放弃国际市场，转而开拓内销市场。

评茶技艺包括技术、艺术、文化三层内涵，具有物质和精神双重属性。内销名优茶，注重物质和精神双方面。专业化的名优茶评比，民间自发组织的斗茶，着力于推广艺术性的品饮方式和宣传茶文化，深受中国传统文化滋养并受引导的消费者，易于接受质优价高的内销名优茶。现代评茶体系对于促进国内名优茶的品质具有相当的主导性作用。

质优价高的名优茶风靡国内消费市场，但在国外市场的开拓中并没有展现出优势。究其原因，在于现有国内评茶技艺在国际上的话语权不强，与国际接轨的技术层面物质属性较为突出，中国特有的艺术层面、文化层面的精神性要素尚未得到广泛认可。推广之路任重而道远。

第七章

读懂中国茶

茶的美学

福建福鼎白茶·白牡丹

茶，从诞生的那一刻起，注定要踏上美的历程。从农耕文明时代到工业文明时代，倘以文化、哲学、艺术的视角审视这小小的茶叶，从中可以照见一个瑰丽的茶世界！

茶的形态之美

茶的形态，体现出中国古人的哲学观，一种是紧团茶的形态，另一种是散茶的形态。老子曰："人法地，地法天，天法道，道法自然。"紧团茶也好，散茶也罢，它们都是古人师法自然的产物。

在茶的古典时期，兴于唐、盛于宋的时代，紧团茶占据着茶的主流形态。有宋一代，龙凤团茶名闻天下，皇权的尊严，在这小小的一团茶上显露无疑，龙凤的图腾被栩栩如生地描摹在茶上，有着令人观之生畏的凌然气象。

迨至明清时期，承继了紧团茶的衣钵，在遥远边地的云南，普洱茶应世而生。上贡清朝皇帝的贡茶，大而圆者被唤作人头贡茶，小而圆者则昵称为女儿茶。封建王朝统治下，普天之下莫非王土，率土之滨莫非

清代宫廷遗存大普茶

清代宫廷遗存·女儿茶

王臣，人头贡茶、女儿茶，隐含着向皇帝尽忠的意味，君要臣死臣不得不死，这茶中蕴含有狰厉之美。

从产茶之地的南方，到化外之地的边疆，因了茶，人和人之间，民族和民族之间，人民和家国之间的命运紧密联系在一起。天府之国的四川盆地，南路边茶、西路边茶，枕头型的金尖茶、砖块型的康砖茶，沿着茶马古道源源不断地运往边疆地区。常常会猜想：身处华夏腹地的皇家宫廷里，贵为九五之尊的天子，是否如其所愿，以茶治边，可以高枕无忧了呢？结局总是如同铁马冰河入梦来般悲凉。

环顾华夏的周边地区，湖南安化的茯砖茶、湖北赤壁的青砖茶与米砖茶，通过万里迢迢的茶路，输送到新疆、青海、内蒙古，甚至经由蒙古、俄罗斯运往欧洲。康砖、茯砖、青砖、米砖，这一种又一种、一块又一块的砖茶，可否如封建王朝的统治阶级所企望的那样，铸就成巍巍的长城，御敌于千里之外呢？当远道而来的俄商深入长江流域的商埠重镇汉口设立了砖茶厂，伴随着蒸汽机动力的砖茶机器轰鸣声，农耕文明下手工制作砖茶的技艺遂湮没无闻。一个时代的背影就此远去。

唯有打破旧有的藩篱，才能够迎来美丽的新世界。从湖南输往新疆的茯砖茶，从湖北输往内蒙古的青砖茶、米砖茶，从四川输往藏区的康砖茶——当边疆之地的少数民族与华夏腹地的汉族亲如一家地融汇在华夏民族的大家庭中，每一个人都在自觉自愿地担负起自己的责任：用我们的血肉之躯，铸就新的长城！

　　在人间，芸芸众生有着自己的信仰。从华夏腹地到遥远的边疆地区，从汉族到少数民族，从母系崇拜到父系崇拜，或者含蓄文雅，或者直白热烈，祖宗崇拜根植于生殖崇拜的原始信仰，只有子孙繁衍不息，文化才能够源远流长。在潇湘水云深处的湖南安化，当我们把目光投向雄壮的千两茶，一定能够读懂其中蕴含的父系崇拜的深意。晋商的身影如同已经消逝的万里茶道，在岁月的深处渐行渐远，留下这千两茶与后世的子孙们相伴相生。在七彩云南之地的普洱，夷女们采制成"小而圆"的女儿茶。有清一代，伴随马帮铃儿响叮当，上贡给清朝皇帝享用。在民间，馒头形的姑娘茶，及后来化作窝窝头状的沱茶，一脉相承地都是来自于对母性的赞美，滋养了万万千千的华夏儿女。

　　人间的苦难磨砺了众生，却不能磨灭他们虔诚忠贞的信仰。经由滇藏茶马古道，心形的紧团茶传递到了藏民的掌心，一片赤诚之心，尽在其中。

　　茶，天地人三者联袂呈现给这世间最美好的馈赠。天圆地方，人为万物之灵。天似穹庐，圆如三秋皓月轮的饼茶，让远在他乡的游子抬头感怀明月，低头思恋故乡。走四方，路迢山高水长，恰同这眼前的砖茶，走得再远，也不会忘了家的方向。饮茶思源，千两茶的伟岸，沱茶的思恋，常念亲恩，莫失莫忘。

礼失而求诸野，在紧团茶大兴于世的唐宋时代，自然钟野姿的散茶被唤作"草茶"。这天赋灵草从不因自身的形态卑微而自怨自嗟。明代开国皇帝朱元璋一声令下，紧团茶旧有的尊荣在君恩浅处化作过眼云烟。皇帝诏令唯芽茶以贡，曾经散落在民间的草茶，以散茶的形态，接替起紧团茶的重任，再次走进皇家殿堂。

儒释道三家传统文化体系中，尤以儒家最为积极入世。居庙堂之高，处江湖之远，位高位卑都未曾忘忧国。儒家讲求超凡入圣，茶圣陆羽所著《茶经》有云："茶，最宜精行俭德之人。"茶，从来都是追求修齐治平之士的心头所好，是君子高贵品格的象征。

松竹梅，谓之"岁寒三友"，皆因其品性高洁。绿茶中的松针、白茶中的银针、黄茶中的银针，擢采细嫩茶芽制成，描摹出傲然屹立的松树针叶在不同季节的变化：春日的青翠欲滴，冬日的覆雪傲霜。

采摘初展的幼嫩芽叶，绿茶中的兰花形态，白茶中的牡丹形态，一个追寻高洁，一个追求富贵。士人们的矢志不渝，百姓们的苦苦追寻，在茶的形态中映衬出世间万象。

苏东坡诗云："从来佳茗似佳人。"茶与人之间的你侬我侬，有眉

福建武夷红茶·金骏眉

目如画般的似水深情。那是水墨江南的绿茶婺源茗眉，那是武夷山水间遗世而独立的红茶金骏眉，那是盈盈建溪之畔脉脉不得语的白茶贡眉。张敞画眉，举案齐眉，那是《红楼梦》中黛眉浅皱、被宝钗唤作"颦儿"的林妹妹，描摹的都是或叫人赞叹，或叫人感伤的爱情。耳畔仿佛响起那浅浅的笑语："你吃了我家的茶，怎么不给我家做媳妇呢？"

福建福鼎白茶

有些茶采得细嫩，宝爱它们的茶师妙手天成，将它们制成千姿百态的秀美外形。有些茶采得粗老，天性犷达的茶师化繁为简，如红茶中的小种、青茶（乌龙茶）中的岩茶与单丛，茶师随手将它们揉制成粗疏的条索形。这抱朴守拙的形态之下，无碍于它们内质优异的高贵品格。正如歌者浅吟低唱的那样：多少人曾爱你青春欢畅的时辰，爱慕你的美丽，假意或真心。只有一个人还爱你虔诚的灵魂，爱你苍老的皱纹。

　　茶伴随着人，从历史深处走来。从乡村山野间到繁华的城市，从农耕文明到工业文明。从古典时期的紧团茶时代，到后世大兴于世的散茶时

20 世纪 50 年代红印圆茶

20 世纪 50 年代蓝印圆茶

代。方非一式、圆不一相的紧团茶也好，自然钟野姿的散茶也罢，千年以降，变化无穷的是它的外在形态，传承有序的是它的文化内涵。唯有洞悉了美的真谛，才能让它和人一起相知相守，世代相传。

茶的汤色之美

茶的汤色之美，源自对天地无言大美的礼赞，对四时轮回明法的感怀，对万物成理的阐释。

自唐以降，千年以来，儒释道主导了根植于农耕文明时代的传统茶文化。中国茶，向以绿茶为主调，中国人固守着这一抹绿色，沉醉其间。

绿色是春天的色彩，农耕文明时代，人们无比渴望春天的到来，茶树新梢萌生的绿色，孕育着人们对美好生活的向往。春天的脚步渐渐走近，却不曾停留，又渐行渐远。茶树新梢上萌发的幼嫩芽叶，色泽由浅至深。历清明过谷雨，清明前夕采摘幼嫩芽叶制作的毛尖、毛峰、龙井，新色嫩绿可爱。清明过后单采叶片的瓜片翠绿油润。谷雨过后采取两叶抱一芽的猴魁色呈墨绿。取早春、仲春、晚春时节用鲜叶制成的茗茶，在杯中投入沸水，茶叶舒展身姿，渲染出深浅不一的绿色，那是或浓或淡，化不开的盎然春意。

金奖第一名信阳毛尖汤色

金奖第二名信阳毛尖汤色

金奖第三名信阳毛尖汤色

绚烂夺目的红色是夏天的色彩，在那过往的岁月里，诞生于中国武夷山的红茶，立夏后采制而成，漂洋过海去往欧洲，在英式下午茶的浪漫时光里，有着武夷红茶的动人色彩。那明媚鲜艳的颜色，那红艳明亮的汤色，契合了基督教影响下西方文化中对红色的崇尚，深受人们的青睐。直到千禧年后的本世纪初，偶然间诞生的武夷红茶新贵金骏眉，改写了中国人固有的观念，走进了千家万户。伴随着红茶历史的悄然改写，金骏眉在不经意间改写了红茶的风尚，以黄色为基调的汤色，成了中国文化崇尚黄色的现实注脚。

　　春种秋收，春天播下希望的种子，秋天收获丰厚的回报，这是农耕文明时代的烙印。亦如同这令人珍惜宝爱的黄茶，源自深山，采自春天，干茶显黄、汤色杏黄、叶底嫩黄，由表及里展现出的都是金秋时节的色彩，那是收获的喜悦。君山银针的汤色金黄，那是烟波浩淼的八百里洞

福建武夷红茶金骏眉汤色

浙江温州黄茶平阳黄汤

庭湖的秋色连波。蒙顶黄芽的汤色杏黄，那是蒙顶山巅银杏树叶随风摇曳生姿的秋日时光。平阳黄汤的色调浅黄，那是雁荡山秋季的召唤。莫干黄芽的汤色黄亮，那是莫干山秋叶洒落的一地金黄。凝视着眼前黄金般熠熠生辉的黄亮茶汤，在这秋天收获的季节感念春天的辛勤劳作，在夕阳西下的时候回味日出东方的朝阳。春去秋来，日出日落，时光荏苒，岁月如流，逝者如斯，不舍昼夜。日本美学宗师冈仓天心所著《说茶》有云："在这难以成就的人生中期望有所成就的温良期图。"如同这眼前清澈明亮的金黄茶汤，刹那间绽放的芳华即是永恒，哪怕只有一盏茶的时间与人相遇。

白茶的汤色浅淡晶莹，如玉之在璞，无与伦比，那是属于冬季的色彩，隐含着人们对高洁品行的赞诵。智者乐水，仁者乐山，在山泉水清，出山泉水清，清澈见底的汤色，寓意着人与茶之间高山流水般的情谊。

福建福鼎白茶汤色

茶，天赋地载的草木之英，感念皇天后土丰厚馈赠的人们，尝举白眼而望青天，将雨过天青云破处的这般颜色，寄托在这情有独钟的青茶上。青茶出于绿茶，其色泽丰富，犹胜于绿茶。青茶与红茶并蒂莲般同出于一脉。今时今日以绿为美的青茶，可名其为绿乌龙——以绿色的茶汤礼敬绿茶。久已有之的青茶佳品东方美人茶，被昵称作红乌龙，瀹作红汤，与红茶殊无二致。一脉相承的是青乌龙，有着不偏不倚、不红不绿、深浅不一的黄亮色系。那是笃信中庸的儒家士子们的理想主义色彩。

福建乌龙茶永春水仙汤色

云南普洱熟茶汤色

农耕文明时代的人，对养育自己的土地爱得深沉。土地从不吝于对人的慷慨赠予。从茶的故乡到远方，借由漫长的茶路，黑茶慰藉了海外的游子、边疆的牧民，那红浓的汤色，是血浓于水的亲情，是难解难分的情谊。借由茶，将人与人紧密地连结在一起。

从清幽的茶山之上，到繁华的城市街巷。从皇帝案头的贡品，到百姓生活的清饮，从故乡到远方，从过往到现在，从春天走向四季，从昼夜邀陪相伴。色彩绚烂的茶汤色泽，淋漓尽致地展现出茶美学的丰富性，亦如我们多姿多彩的生活。在汤色变化中，映衬出世间变幻的万象。

俯瞰华夏大地，从华夏文明的中心腹地，到环拱四方的边疆，曾经茶的版图色彩殊异，而今渐趋色彩斑斓，那是从未停歇的文化的融汇交融。

茶的一生，身份在不停地变化。从新到老，与我们相守相伴。曾经我们钟情于新茶的青春色彩，而今我们感叹于老茶的陈年光泽。新茶的汤色之美，总叫人叹惜留不住的芳华。老茶的汤色之美，时时提醒我们时间的重量。前世的因，后世的果，新茶也好，老茶也罢，在这来去匆匆的时光里，人与茶之间，都应当珍惜这最美好的当下。老子说："五色令人目盲。"但愿从茶汤色泽转换的过程中，我们能够照见初心，莫失莫忘。

茶的香气之美

闻香识茶，香气是茶叶品质的核心与灵魂之一。借由香气的引领，

茶叶审评·闻香（一）

茶叶审评·闻香（二）

进入茶世界的桃花源，自此不辨唐宋、无论明清，香承千年，沉醉其间，闻香论道，引为知己。

茶本出山间，或有竹林幽篁掩映，或有松杉覆盖其上，或与花木果树间植。茶出匠人手，以巧夺天工的技艺展现茶之香味。藏茶出陈香，藏之年久，香味殊胜。茶香迷人，或出于鲜叶的青草香味，或源于工艺的花果香味，或出自贮藏成珍的陈老香味。

茶是世俗的，柴米油盐酱醋茶。百姓生活中的茶香风味，沾染了世俗生活的烟火气息。它是柴灶竹笼焙干的六堡茶中的槟榔味，它亦是七星灶松柴明火干燥的天尖茶的柴火味，它更是青楼松茗烟熏焙制的正山小种红茶的松烟香味。这俗世里的茶香品味源于美食，满足了口腹之欲，可兹果腹，品读的是活色生香的生活况味和沾染烟火气息的人间风味。它是恋恋红尘中最叫人怀念的乡土风味。

茶是文雅的，琴棋书画诗酒茶。文人雅士生活中的茶香风味，有着出尘脱俗的高洁品性。自唐以降，儒释道主导下的传统茶文化，将自身的审美取向赋予茶香的品性追求。身体力行的茶圣陆羽在《茶经》中将"精行俭德"作为垂范后世茶人的信条，被后世的崇奉者以拟人化的方法，投射到茶品的香气上。

草木之英，梅、兰、竹、菊谓为花中四君子。百花齐放，尤以兰花为王者之香。宋代范仲淹所作《斗茶歌》描述上品之茶"香薄兰芷"，

茶叶审评·闻香（三）

王禹偶赞颂《龙凤茶》曰"香于九畹芳兰气"，明代张源《茶录》中描绘茶品"茶有兰香"。以兰香喻茶香，那是深受儒释道文化浸润下的茶人对茶品中美好香气的追寻。

清代张泓撰《滇南新语》中说岁贡的普洱芽茶"味淡香如荷"，清代安溪"梅占百花魁"的梅占乌龙茶，有着香自苦寒来的腊梅花香。兰香、荷香、腊梅花香，在香气的文化品性上一脉相承。以香喻德，至今令人随喜赞叹的，依然是曼妙茶香。

在世间，绿茶、白茶、红茶、青茶与黑茶，凡有极品好茶，都一如继往，被誉为兰花香。

清新自然的香气谓之清香，鲜嫩诱人的香气谓之嫩香，白毫密布的香气谓之毫香，果味馥郁的谓之果香，香甜扑鼻的谓之蜜糖香，芬芳可人的谓之花香。

典雅高贵的茶香品味源于艺术，满足了精神需求，丰盈了内心，品读的是美学的内涵、文化的价值与艺术的享受。

可是我们还是忍不住地感叹：在世间，世俗的美好，人皆所爱；精神的缺失，谁予共求？

从独珍新茶清鲜美好的香气，到珍视老茶越陈越香，人们走过了漫长的历程。明代云南大理白族进士李元阳在《大理府志》中记载："感通茶，性味不减阳羡，藏之年久，味愈胜也。"这种超越时代局限性的远见卓识，令今天的我们自愧弗如。直到相隔数百年之后，李元阳有了自己的知音，那就是邓时海先生。邓先生在其所著的《普洱茶》一书中化用前人的提法，提出越陈越香的理念。不独为普洱茶专享，亦为各种黑茶、白茶借鉴，使陈年老茶的香气臻于独特的文化境界，借此融入主流茶文化的行列，为当代世人公认。

新茶清新自然的美好香气，贵在珍惜现在，当下即可享受。老茶的越陈越香，需要交付给时间，耐心等候。文化的交流，观念的转变，打破了旧日的藩篱。曾经远涉重洋，香飘域外数百年的红茶，伴随金骏眉的诞生，终于使得国人敞开接纳的怀抱。现代普洱熟茶的诞生，开启了普洱茶的新时代。

检视茶的发展历程，从未有过今天的盛景。我们敞开胸怀，将这绿茶、白茶、红茶、青茶、黄茶、黑茶与茉莉花茶，统统纳入怀中。这是一个广纳并蓄的时代，承继华夏古典茶美学精髓的新茶香气，开创华夏现代茶美学潮流的普洱熟茶香气，融汇华夏古典与现代茶美学之大成的老茶香气，共同构成茶香醉人的芳香世界，一起迎接美好的未来。

茶的滋味之美

茶的苦、茶的甜、茶的涩、茶的鲜、茶的酸，我们用自己的味觉来感知茶的滋味。五味皆蕴的茶滋味，源于自然之味，从中品鉴出的是生活的滋味，亦是人生的况味。

大唐武德八年（625），唐高祖李渊颁布《先老后释诏》曰："老教孔教，此土先宗，释教后兴，宜崇客礼。令老先，次孔，末后释宗。"

冈仓天心《说茶》云：唐代是一个儒释道三教寻求

重庆大足妙高山三教合一石窟

融汇贯通的朝代。重庆大足石刻，位列世界文化遗产保护名录，其中宋代开凿的石篆山石窟造像，孔子、老子与释迦比邻而居，妙高山石窟内，三者同处一室。这是对冈仓天心所作精妙文化论断的最好注脚。

回顾千年以前的大唐，高僧皎然诗云："三饮便得道，何须苦心破烦恼。"茶仙卢仝歌曰："七碗吃不得也，吾欲上蓬莱。"茶圣陆羽矢志成为"精行俭德之人"。那是一个让人闻之向往的时代，直叫人徒生感慨与喟叹。

冈仓天心赞叹道：在乳白色瓷器中的液体琥珀里，精于茶道的人可以品鉴到孔子的惬意与宁静、老子的犀利与淋漓，以及释迦牟尼那飘渺的风范。

在唐代的时代精神引领下，茶脱离了药用的范畴而投身饮品的怀抱。美味自此以后成为茶饮的共同追求。

绿茶引领下的古典茶美学"贵新"，向以新鲜自然为上。"牡丹花笑金钿动，传奏吴兴紫笋来。"生动形象地描绘出大唐君王品味上市新茶的喜悦心情。大诗人白居易《谢李六郎中寄新蜀茶》有句曰："不寄他人先寄我，应缘我是别茶人。"那份怡然自得跃然纸上。我们猜想，或许是远离茶产地的缘故，越是不易得，越是珍惜。

江南、江北、西南与华南，俯瞰茶的版图，在华夏文明的中心地带，五谷杂粮与清淡的绿茶最为相宜，自唐至今，已逾千年。而环卫拱护在华夏周遭的边疆少数民族地区，牛羊成群的牧歌生活中，浓酽的黑茶是不可或缺的存在。藏族民谚"茶是血，茶是肉，茶是生命"，说的是对茶的热爱与衷肠。

茶是帝王将相的案头清饮，茶是庶民百姓的粥饭伴侣，茶是边疆少数民族的生命之饮，茶是域外国家的悠闲时光。

冈仓天心说：是唐代的时代精神把茶从粗俗的状态下解放了出来，陆羽是茶道的第一位信徒。"自从陆羽生人间，人间相学事春茶。"陆羽引领并开创了清饮茶的潮流，使茶成为"参百品而不混，越众饮而独高"的泓然清流。清饮茶自此成为居于华夏中心地带汉民族的主流饮茶方式。清饮茶表达的是纯粹的观念，展现的是茶的真香本味。这一观念为后世所承继，其影响延续至今。

而在华夏文明的边疆地带，混饮茶蔚然成风，体现出华夏茶美学兼纳并蓄的多元性与和而不同的包容属性。

在东方国度农耕文明下诞生的红茶，与远隔重洋的西方工业文明碰撞诞生了英国下午茶，其背后是家国民族命运的写照。文化的双向流动在红茶饮用方式流变中得到验证。

绿茶的涩、苦、鲜，白茶的清淡，红茶的香甜，青茶的韵味，黄茶的平和，黑茶的醇厚，还有茉莉花茶的鲜灵，这源于自然的味道，总叫人止不住地赞叹。这般般茶滋味，是如此丰富，充满多样性；又是如此独具个性，风格卓而不凡。

茶，啜口咽甘。我们的舌尖最能感知甜味，舌根于苦味最敏感，舌的两侧对于酸味尤为敏感，舌头的表面着重于涩味。精于品茶的人们，啜一小口滚烫的茶汤，让茶汤在口腔内翻滚，充分感知茶的滋味。火热滚烫的茶汤，刺激着人们的味蕾，刺痛着人们的内心，这热辣滚烫的茶汤，本质上追寻的是一种痛感——这何尝不是一种领悟，让我们把这人世间的苦难沧桑看得更清楚。

茶文化视野下的滋味审美，向以"淡中品至味"为主流。清代的诗人陆次云评价龙井茶："真者甘香而不冽，啜之淡然，似乎无味，饮过之后，觉有一种太和之气，弥沦乎齿颊之间，此无味之味，乃至味也。"这一点被台湾师范大学的教授邓时海先生巧妙地借鉴过来，用于描绘普洱茶："大多数的品茗高手，都公认'无味之味'是普洱茶的最极品。"并上承明代士人李元阳赞誉普洱茶："藏之年久，味愈胜也。"将普洱茶越陈越香的理念发扬光大，惠及各种黑茶、白茶，由此老茶大行其道。贵新的龙井茶与贵陈的普洱茶，在最高境界的滋味审美上，达成共鸣，可以视为茶滋味美学传承与创新的典范。

茶，爱过方知味浓。茶，醉过才知苦重。喝茶，到最后，你会发现自己需要的真的就是一碗清淡的茶汤。或许历经生命的波澜，终归于平静，而这平平淡淡的生活，亦如一碗清淡的茶汤，这是生活的本味，亦是人生的真味。

茶的叶底之美

一代有一代之茶，一代有一代之茶文化，每个时代的茶文化都或深或浅地留有时代的烙印，那是不同时代的茶的情感表达，那是茶美学历程中的印迹。

唐代，属于古典派的煎茶法时代。茶圣陆羽洞悉茶的审美取向，描摹茶汤的沫饽，或如晴空的云卷云舒，或如落英缤纷浮沉于水中。那是对自然的赞美，亦是对人生的感悟。那是穿越时空对杜育《荈赋》中"焕

仿唐技艺·煎茶茶汤

仿宋技艺·点茶茶汤

如积雪，烨若春敷"的由衷赞叹！白雪皑皑的大地，来年又是花草铺陈。
天道轮回，冬去春来，周而复始。

宋代，属于浪漫派的点茶法时代。被称为天才艺术家的徽宗皇帝，
亲著《大观茶论》，并以皇帝之尊亲手点茶，"如疏星淡月"。就连身
居寺院的僧人福全都以点茶闻名，注汤幻茶，连成绝句："生成盏里水
丹青，巧尽功夫学不成。欲笑当年陆鸿渐，煎茶赢得好名声。"真可谓
以点茶作画的丹青妙手。

煎茶也好，点茶也罢。将茶碾磨成粉后的茶汤，恰似飞鸿踏雪泥，
沫消汤尽终无痕。

明代，属于自然派的瀹茶法时代。田艺蘅《煮泉小品》曰："茶之
团者片者，皆出于碾硙之末，既损真味，复加油垢，即非佳品，总不若
今之芽茶也。盖天然者自胜耳。"散茶不独在形态上较紧团茶更近乎自

然，在审美上亦远胜于前者。罗廪《茶解》云："山堂夜坐，汲泉烹茗，至水火相战，俨听松涛，倾泻入杯，云光潋滟。此时幽趣，未易与俗人言者。"煮水之声宛如松涛，茶入杯中，尽得云天之色。

由古及今，由表及里，茶之审美尽现师法自然的天然妙趣。制茶师是俞伯牙，评茶师是钟子期，借由这水丹青，展现出高山流水的情谊。

自明代以来，散茶形态的绿茶大兴于世，数百年间，成为主流，遵循的是道法自然的艺术鉴赏原则。

茶，经历沸水冲泡的洗礼，奉献出香味色，最终渐渐舒展开来，恢复到初始的面貌，一叶一菩提，映衬出万千茶世界。

面对冲泡之后杯盏中浮沉的香叶和嫩芽，不得不由衷地发出赞叹。那是一杯龙井茶中水光潋滟的西湖美景，那是一杯毛峰茶中的黄山胜景，

与非物质文化遗产项目（卢仝煎茶技艺）代表性传承人李菊月先生（右三）合影

与河南省宋茶文化研究中心秘书长丰智利先生合影（前排右五）

与日本文人煎茶道美风流中国支部长杨晓茜老师合影（前排右五）

那是一杯碧螺春茶中烟波浩渺的太湖春色，那是一杯云雾茶中的庐山烟雨蒙蒙。杯中窥茶，照见的是一幅幅山水画卷，那是智者乐水、仁者乐山的无尽向往。

不同于贵嫩的芽茶，叶底讲求"绿叶红镶边"的青茶、叶底粗老成熟度高的黑茶，抱朴守拙，是阴阳辩证的茶美学鉴赏叶底的另外方法。

有多少人曾爱慕佳茗似佳人的新茶那青春容颜，又有多少人情愿于岁月变迁后与老茶相守相伴。历经世事沧桑，见证人生起落，新茶也好，老茶也罢，浮沉之间，看得见的是叶底，留不住的是时间。

结语

茶的美学，将茶置诸自唐至今历代的美学大视野下来审视。

茶的美是古典的，承继了古典茶美学的精髓。茶的美是现代的，开创了现代茶美学的新领域。

茶的美是民族的，凝结了历代华夏民族的茶美学精华。茶的美是世界的，开创了世界茶美学的新境界。

茶的美学属于每一个人，美在你我，美在每一个人的心间。

后　记

念师恩：我与我的老师王九朝先生二三事

早上送女儿上学，路过航海路紫荆山路交叉口，忍不住向车窗外眺望，拔地而起的高楼大厦林立，已经看不到往日的痕迹。

十多年前，这里是郑州最早的茶城。一次书画笔会上，无意间遇见了满头银发、正在挥毫泼墨的王九朝先生。于是恩请我学茶的老师李伟先生出面，向王老师求一幅字："知行合一"。我写在一个小纸条上转呈给王老师，王老师看了一眼，随手把它压在了几张纸条的下面，继续书写。

等到最后才轮到我。王老师问："这是谁要的？"我连忙趋步上前："老师，这是我想要的。""做得到不？""我尽最大努力！"老师思忖良久，一挥而就，转而对大家说："今天，就这幅字最满意，主要是字的意境高。"落款题下小字："哲峰小友雅赏，可好？"诚惶诚恐之下连忙作答："好，好，好！"

就此算是结识了王老师，三天两头同老师一起喝茶聊天，言笑晏晏，乐而忘返。夏天的郑州，溽热难耐，天气说变就变，转眼间狂风暴雨骤至。眼见着天色渐晚，赶紧跑到大街上去，拦了一辆出租车，先行送老师回家。眼看老师进了小区的大门，就把车费结了，去换乘公交车，那个时候的工资不高，年轻人的时间是不值钱的。常常因为雨太大，半路上公交车也趴了窝，索性挽起裤脚，脱了鞋，一路走回去。

日子渐长，老师言语间透露出的意味，让我猜度老人家有想把我收入门下的意思，先是大喜，继而心生怯意，始终不敢开口。直到有一次老师问及此事，我才嗫嚅着说出了自己的顾虑："老师以书画著称，而自己于此，完全不通，恐怕会累及老师的清誉。"

听闻此言，老师当场并未作答，隔不数日，给我写了一幅小斗方，节录的是孟子的话："君子所以教者五：有如时雨而化之者，有成德者，有达才者，有答问者，有私淑艾者。此五者，君子所以教也。"老师说："你就是最后一种，这叫私淑弟子。"

于书画一道，我是完全不知的。有时候听老师聊聊书画，偶尔也插科打诨："老师，我可是不懂，可是要胡说八道了啊！"老师笑着说："你是外行，你有权利胡说八道。"听的一圈人都笑翻了。

仰慕老师的人品、学问、书画已久，眼见老师不弃，于是择吉日，在众师兄们的见证下，欢欢喜喜地拜入了老师门下。

拜师之前，老师又写了一幅小斗方给我："哲峰吾徒，事于调酒之业，缘聚以来，知我解我者也。吾为之书，每题曰峰，徒从未以误正之者，是会也？是慧也？徒今年少，锋芒之锋为家人所取，未尝不可也。师望徒从业治学，渐去锋芒，并以峰为终身之追求耶！"

以后的日子里，老师专门给我写了一幅"漱石枕流"的竖条幅，并笺注小字曰："所以枕流欲洗其耳，所以漱石以砺其齿。"老师借用典故时时提醒弟子，深意不言自明。并将我的书房命名为"枕流山房"，每每睹物思人，惭愧不能自已。

有一年的秋天，同老师一起到河南辉县八里沟山里农家小住。晚上突然停电了，坐在院里，老师抬头看看满天星斗说："在城市里住了恁些年，都看不见星星，想着都没有了，这一看，咦，还是恁稠。"习惯了老师整日里讲笑话，听了还是笑得可欢实。

　　深山夜色凉如水，急忙找房主又要了床被子给老师盖上。我俩同住一个屋，各自躺在床上，有一搭没一搭的说话。不知怎么着，老师突然说起了师娘。"恁师娘床上躺了十好几年，我都没咋出过门，别人问起来了，我总是说家里有病人。在恁师娘床对面，支了张小床，有时候夜里听见恁师娘喊我，我一边'哎、哎'答应着，一边起身，再看看，床都空了。"顿了一下又说："这十几年，要不是书画，我都比恁师娘先走了。"借着从窗户里透进来的月光，我看到刚过耳顺之年的老师，满头银发，还有眼角的点点泪光。我仗着胆子问："老师，八十年代末，您都有名了，为啥不多写几幅字、画几幅画，挣点钱，找个保姆照顾师娘呢？""人家照顾会胜自己？前半辈子，恁师娘伺候我，后半辈子我伺候她，这都是我该（方言，欠的意思）她的。"

　　一次闲聊，老师漫不经意地说："小马，你学那个调酒有什么意思呢？学到老，也是跟着外国人的屁股后头跑，都不入流。我看你这么喜欢茶，不如学学茶，到底有可能成为三流，为了这个'有可能'，值得奋斗一下。"很多年后，与老师闲聊，说起当年："老师，早年我都认为自己在调酒领域已经是一代宗师了呀！"老师听了，笑出了眼泪。而当时老师这句话如醍醐灌顶，在自己的内心顿时化作滔天波澜。自此下定决心，转行事茶。

　　几年后，老师又讲："小马，花上十年、二十年的工夫，写上一本小书，有一点点自己的东西！"当时心下暗自思忖："这还不容易？我26岁都出了第一本调酒方面的书，28岁又出了第二本，写本书应该不是什么难事儿。"直到多年以后，与老师闲话："出本书容易，想要有点自己的东西，太难了。"老师笑着说："现在你知道，我写个字，画个画得有多难了？"还真像老师借一位禅师所言："蜡味谁真尝透者，说来容易验时难。"

当时暗暗下定决心，读书行走，花十年写上一本小小的茶书，放到二十年的期限来做。转眼间十多年过去了，收藏有关茶方面的书已逾五千册了，足迹更是遍布四大茶区的各大名山，至今仍然行走在路上。尚未完成老师的嘱托，他却人已经远远地去了。

直到有一天，无意间看到钱文忠先生在央视十频道《百家讲坛》栏目讲《三字经》提到："中国，向有以大家而著小书的传统。"忆及老师当年的嘱托，才明白老师的深意，顿时泪如雨下。

一次次的出行访茶，一晚又一晚夤夜读书，终于明了，老师所指的三流茶人，是指把自己放到自唐代茶圣陆羽著《茶经》后一千多年的时空里，以历代茶人为典范而求诸自身。这个"三流"是多么大的期望啊！

有一次与李伟先生一起去探望老师，聊起良师难遇的话题，卧病在床的老师笑着说："一个人，一辈子能遇到一个好老师，那都是天上掉馅饼，刚好砸住你，不能指望有第二次。"只是，做梦也没有想到，这竟是老师最后的寄语。

人一生中能有多少个这样的夜晚，让人泣不成声、泪如雨下？今夕，我想为自己的恩师寄啸散人王九朝先生敬一盏茶，道一句："老师，您在天堂还好吗？"